# 海南省
# 生态环境质量报告

HAINAN SHENG
SHENGTAI HUANJING
ZHILIANG BAOGAO

2022年

海南省生态环境监测中心 / 编

中国环境出版集团 · 北京

图书在版编目（CIP）数据

2022年海南省生态环境质量报告 / 海南省生态环境监测中心编. -- 北京 : 中国环境出版集团, 2023.12
ISBN 978-7-5111-5789-8

Ⅰ. ①2… Ⅱ. ①海… Ⅲ. ①区域生态环境—环境质量评价—研究报告—海南—2022 Ⅳ. ①X321.266

中国国家版本馆CIP数据核字(2024)第010285号

审图号：琼S（2023）059号

出 版 人　武德凯
责任编辑　孙　莉
装帧设计　彭　杉

出版发行　中国环境出版集团
（100062 北京市东城区广渠门内大街16号）
网　　址：http://www.cesp.com.cn
电子邮箱：bjgl@cesp.com.cn
联系电话：010-67112765（编辑管理部）
发行热线：010-67125803 010-67113405（传真）
印　　刷　北京鑫益晖印刷有限公司
经　　销　各地新华书店
版　　次　2023年12月第1版
印　　次　2023年12月第1次印刷
开　　本　787×1092 1/16
印　　张　13
字　　数　246千字
定　　价　65.00元

## 2022年 海南省生态环境质量报告 编委会

# 前 言

2022 年是党和国家历史上极为重要的一年，党的二十大胜利召开，二十大报告中指出中国式现代化是人与自然和谐共生的现代化，为新时代新征程进一步做好生态环境保护工作指明了前进方向，提供了根本遵循。在习近平生态文明思想的科学指引，生态环境部的坚强领导，海南省委、省政府撑腰鼓劲，人大、政协、宣传各条战线的监督支持，各市县、各部门的通力协作下，全省生态环境系统勠力同心、拼搏进取，全面贯彻海南省委、省政府决策部署，坚持不懈抓作风、优方法、提能力，经受住了多重超出预期的冲击考验，主动服务保障海南自贸港建设中心工作，更好统筹生态环境高水平保护和经济社会高质量发展，生态环境整治实现新突破，生态文明建设做出新贡献，环境治理制度改革取得新成果，全省生态环境保护和生态文明建设各项工作纵深推进，成绩斐然，生态环境质量保持全国一流。

《2022 年海南省生态环境质量报告》基于 2022 年海南省生态环境监测网络监测数据，结合相关部门提供的环境状况内容编制而成。

本书共分四个部分。第一篇为概况，介绍生态环境质量监测网络与评价方法；第二篇为生态环境质量状况，分析全省环境空气、降水、地表水、饮用水水源地、地下水、土壤、海洋、声环境、生态、辐射等环境要素的质量现状、质量特征、变化趋势和原因；第三篇为生态环境质量关联分析，运用统计方法分析生态环境质量与环保措施、气候气象、能源消耗、城市发展、农业面源等的关联性；第四篇为总结，凝练全省生态环境质量状况，找出主要环境生态问题和原因，基于灰色模型预测生态环境质量，提出对策和建议。

本书由海南省生态环境监测中心在海南省生态环境厅直接领导下，省厅相关处室、海南省辐射环境监测站配合参与下，具体组织完成。编写过程中，除了使用全省生态环境系统各级生态环境监测站的监测数据和海南省生态环境厅组织编写的生态环境保护规划、计划、总结等有关资料外，还利用了自然资源、统计、水务、气象、农业、林业、住建、公安、交通运输等部门的相关数据，特此向有关部门和人员表示感谢！

# 目 录

# 第一篇
# 概　况

# 第一章　生态环境监测网络布设

## 一、环境空气质量监测网络

2022 年，海南省环境空气质量评价城市点位共 35 个，覆盖海南省 19 个市县。

监测频次：每日 24 h 连续监测。

监测项目：二氧化硫（$SO_2$）、二氧化氮（$NO_2$）、可吸入颗粒物（$PM_{10}$）、细颗粒物（$PM_{2.5}$）、一氧化碳（CO）、臭氧（$O_3$）6 项指标。

2022 年，海南省共有自然降尘监测点位 24 个，覆盖海南省 19 个市县。所有测点每月监测 1 次，监测项目为降尘量。

## 二、降水质量监测网络

2022 年，海南省共有大气降水监测点位 29 个，覆盖海南省 19 个市县。所有测点逢雨必测，必测项目为降水量、pH、电导率，其中 7 个市县增测硫酸根、硝酸根、氟离子、氯离子、铵离子、钙离子、镁离子、钠离子、钾离子等离子组分。

## 三、地表水环境质量监测网络

### （一）地表水

2022 年，海南省地表水环境质量监测 76 条河流 141 个断面、41 座湖库 52 个点位，共计 193 个断面（点位），包括 49 个国控断面（点位），144 个省控断面（点位），其中 33 个国控断面（点位）建有水质自动监测站。

监测频次：每月监测 1 次，其中未建水质自动监测站的断面，所有指标按照采测分离方式开展手工监测；建有水质自动监测站的断面，9 项基本指标开展实时、自动监测，其余指标开展手工监测。

监测指标：每季度第 1 个月对所有断面开展 1 次《地表水环境质量标准》（GB 3838—2002）中表 1 全指标（粪大肠菌群除外）及流量采测分离监测。第 2 个月和第 3

个月对重点断面（点位）开展“9+X”项目监测，其中“9”为基本指标：水温、pH、溶解氧、电导率、浊度、高锰酸盐指数、氨氮、总磷、总氮（湖库增测叶绿素 a、透明度等指标）；“X”为特征指标，是《地表水环境质量标准》（GB 3838—2002）表 1 基本项目中，除 9 项基本指标外上一年及当年断面超过Ⅲ类标准限值的指标，如断面考核目标为Ⅰ类或Ⅱ类，X 则为超过Ⅰ类或Ⅱ类标准限值的指标。现场增测水深、河宽，入海河流感潮断面增测盐度、硝酸盐氮、亚硝酸盐氮。

### （二）水功能区

根据《海南省水功能区划（修编）》，海南省共划分 65 个水功能区，其中 24 个水功能区纳入国家重要水功能区进行考核。海南省 65 个水功能区包括一级水功能区 26 个（保护区 16 个、保留区 10 个）、二级水功能区 39 个（饮用水源区 15 个、农业用水区 15 个、工业用水区 7 个、景观娱乐用水区 2 个）。海南省 65 个水功能区共布设监测断面（点位）57 个，其中 24 个重要江河湖泊水功能区被纳入国家考核，布设监测断面（点位）18 个。

2022 年，海南省 65 个水功能区 57 个代表断面（点位）全部纳入地表水国控、省控断面（点位），监测频次、监测项目同地表水。

## 四、城市（镇）集中式饮用水水源地水质监测网络

2022 年，海南省 18 个市县（不含三沙市）共监测 33 个在用集中式生活饮用水水源地，其中地表水型水源地 32 个（河流型 13 个，湖库型 19 个）、地下水型水源地 1 个。

监测频次：地级城市每月监测 1 次，县及县级市每季度监测 1 次。

监测项目：地表水水源地监测项目为《地表水环境质量标准》（GB 3838—2002）表1 的基本项目（23 项，化学需氧量除外）、表 2 的补充项目（5 项）和表 3 的优选特定项目（33 项），共 61 项，统计当月取水量；另外河流型水源地不监测总氮，湖库型水源地增测叶绿素 a 和透明度。地下水水源地监测项目为《地下水质量标准》（GB/T 14848—2017）表 1 的常规指标（37 项，不含总 α 放射性、总 β 放射性），并统计当月取水量。

## 五、地下水环境质量监测网络

2022 年，海南省地下水环境质量监测网络共 75 个监测点位，覆盖海南省 19 个市县。

监测频次：枯水期和丰水期各监测 1 次，饮用水水源点位增加 1 次平水期监测。

监测项目：《地下水质量标准》（GB/T 14848—2017）表 1 常规指标中的 29 项，包

括 pH、硫酸盐、氯化物、铁、锰、铜、锌、铝、挥发性酚类（以苯酚计）、阴离子表面活性剂、耗氧量（$COD_{Mn}$ 法，以 $O_2$ 计）、氨氮（以 N 计）、硫化物、钠、亚硝酸盐（以 N 计）、硝酸盐（以 N 计）、氰化物、氟化物、碘化物、汞、砷、硒、镉、六价铬、铅、三氯甲烷、四氯化碳、苯和甲苯。

## 六、土壤环境质量监测网络

2021—2022 年，海南省共布设土壤环境监测网络监测点位 402 个，其中基础点 366 个、背景点 36 个。

监测频次：5 年监测 1 轮。

基础点监测项目：理化指标（pH、有机质和阳离子交换量），无机污染物分为必测项目（砷、镉、铬、铜、铅、镍、汞、锌 8 种元素的全量）和增测项目（钒、锰、钴 3 种元素的全量），有机污染物分为六六六总量、滴滴涕总量和多环芳烃。

背景点监测项目：理化指标（pH、有机质和阳离子交换量），无机污染物（镉、汞、砷、铅、铬、铜、锌、镍、钒、锰、钴 11 种元素的全量），有机污染物分为六六六总量、滴滴涕总量和多环芳烃。

## 七、海洋环境质量监测网络

### （一）海水水质

2022 年，海南省近岸海域共布设 117 个监测点位，其中国控监测点位 66 个，省控监测点位 51 个。

监测频次：国控监测点位全年开展 3 期近岸海域海水水质监测，具体监测时间为春季（4—5 月）、夏季（7—8 月）、秋季（10—11 月）；省控监测点位于春季、夏季开展 2 期监测。

春季、秋季监测项目：风速、风向、海况、天气现象、水深、水温、水色、盐度、透明度、叶绿素 a、pH、溶解氧、化学需氧量、活性磷酸盐、亚硝酸盐氮、硝酸盐氮、氨氮、石油类、悬浮物质。

夏季监测项目：全项目，即漂浮物质、色、臭、味、悬浮物质、盐度、pH、溶解氧、生化需氧量、石油类、六价铬、汞、砷、氰化物、硫化物、挥发酚、苯并 [*a*] 芘、阴离子表面活性剂、营养盐项目（活性磷酸盐、亚硝酸盐氮、硝酸盐氮、氨氮、无机氮、化学需氧量、非离子氨）、菌类（大肠菌群、粪大肠菌群）、重金属（铜、锌、总铬、六价铬、镉、铅、硒、镍）、有机氯（六六六、滴滴涕）、有机磷（马拉硫磷、甲基对硫磷）、总氮、总磷、叶绿素 a，水文及气象指标（风向、风速、天气现象、水温、水色、水深、透明度、海况）。

## （二）海水浴场

2022 年，海南省共有 3 个国家重点海水浴场开展水质监测，分别为假日海滩浴场、大东海浴场、亚龙湾浴场。

监测频次：6—9 月每周监测 1 次。

监测项目：水温、pH、石油类、粪大肠菌群、漂浮物质和溶解氧共 6 项。

## （三）海洋沉积物

2022 年，海南省近岸海域共布设 48 个沉积物监测点位。

监测频次：夏季（7—8 月）监测 1 次。

监测项目：粒度、硫化物、石油类、有机碳、汞、镉、铅、砷、铜、锌、铬、滴滴涕和多氯联苯。

## （四）典型海洋生态系统健康状况

2022 年，海南省近岸海域典型海洋生态系统健康状况监测覆盖了西沙群岛、海南岛东海岸和西海岸，主要包括珊瑚礁、海草床、红树林生态系统，共 85 个监测点位。

其中，西沙群岛 21 个珊瑚礁监测点位覆盖了永兴岛、西沙州、赵述岛、北岛、晋卿岛、甘泉岛 6 个海域，海南岛东海岸 20 个珊瑚礁监测点位覆盖了鹿回头、西岛、蜈支洲岛、龙湾、铜鼓岭、长圮港、亚龙湾、大东海、小东海、红塘湾 10 个海域，海南岛西海岸 11 个珊瑚礁监测点位覆盖了大铲礁、排浦、邻昌岛、美夏、海尾 5 个海域；海南岛东海岸 13 个海草床监测点位覆盖了高隆湾、长圮港、龙湾、新村港、黎安港 5 个海域，海南岛西海岸 4 个海草床监测点位覆盖了临高红牌和马袅 2 个海域；8 个红树林监测点位覆盖了海南东寨港国家级自然保护区和临高新盈红树林分布区 2 个区域，8 个生物多样性监测点位覆盖了西沙群岛。

监测频次：每年监测 1 次，西沙群岛珊瑚礁生态系统于 7 月开展监测，海南岛东海岸和西海岸珊瑚礁生态系统于 8—9 月开展监测，海南岛东海岸和西海岸海草床生态系统于 8 月开展监测，红树林生态系统则根据群落区系特征确定监测时间。

珊瑚礁生态系统监测项目：水环境质量、生物质量、栖息地状况、生物群落状况4类项目。其中，水环境质量监测项目包括pH、悬浮物、活性磷酸盐、无机氮、叶绿素a等；生物质量监测项目包括总汞、镉、铅、砷、石油烃等；栖息地状况监测项目包括活珊瑚覆盖度、大型底栖藻类盖度；生物群落状况监测项目包括软、硬珊瑚种类数，硬珊瑚补充量，珊瑚病害，珊瑚死亡率，珊瑚礁鱼类密度等。

海草床生态系统监测项目：水环境质量、沉积物质量、生物质量、栖息地状况、生物群落状况5类项目。其中，水环境质量监测项目包括透光率、盐度年度变化、悬浮物、活性磷酸盐、无机氮等；沉积物质量监测项目包括有机碳含量、硫化物含量等；生物质量监测项目同珊瑚礁监测项目；栖息地状况监测项目包括海草分布面积、沉积物主要组分含量年度变化等；生物群落状况监测项目包括海草盖度、海草生物量、海草密度、底栖动物生物量等。

红树林生态系统监测项目：水环境质量、生物质量、栖息地状况、生物群落状况4类项目。其中，水环境质量监测项目包括盐度年度变化、pH、活性磷酸盐、无机氮等；生物质量监测项目同珊瑚礁监测项目；栖息地状况监测项目包括红树林面积、土壤盐分年度变化等；生物群落状况监测项目包括红树林覆盖度、红树林密度、底栖动物密度、底栖动物生物量等。

### （五）海洋垃圾和微塑料

2022 年，海南省对海口湾、博鳌湾、三亚湾、洋浦湾 4 个区域开展海洋垃圾监测，并对南渡江、万泉河、昌化江入海口和西沙群岛 4 个区域开展海洋微塑料监测。

监测频次：每年监测 1 次，海洋垃圾监测于 10—12 月实施，海洋微塑料监测于 9 月实施。

监测项目：海洋垃圾监测项目包括海面漂浮垃圾，海滩垃圾，海底垃圾的种类、数量、重量；海洋微塑料监测项目包括海面漂浮微塑料的数量、成分、粒径和形状。

## 八、声环境质量监测网络

### （一）区域声环境质量

2022 年，海南省区域声环境质量监测点位共 2 167 个，覆盖 18 个市县（不含三沙市），各市县建成区监测总面积为 387.18 $km^2$。

监测频次：每年监测 1 次。

监测项目：区域昼间等效声级（$L_{eq}$）、$L_{10}$、$L_{50}$、$L_{90}$、$L_{max}$、$L_{min}$、标准偏差（SD）。

### （二）道路交通声环境质量

2022年，海南省道路交通声环境质量监测点位共476个，覆盖18个市县（不含三沙市），监测路段共371条。

监测频次：每年监测1次。

监测项目：道路交通昼间等效声级（$L_{eq}$）、$L_{10}$、$L_{50}$、$L_{90}$、$L_{max}$、$L_{min}$、标准偏差（SD）、车流量。

### （三）功能区声环境质量

2022年，海南省功能区声环境质量监测点位共140个，覆盖18个市县（不含三沙市）。其中，18个市县均无0类区；三亚、儋州、五指山、文昌、万宁、东方、屯昌、澄迈、临高、白沙、乐东、保亭、琼中13个市县无3类区；三亚、儋州、五指山、文昌、琼海、万宁、屯昌、定安、澄迈、临高、白沙、乐东、陵水、保亭、琼中15个市县无4b类区。

监测频次：每季度监测1次，共监测1 102点次，昼间、夜间各监测551点次。

监测项目：等效声级（$L_{eq}$）、$L_{10}$、$L_{50}$、$L_{90}$、$L_{max}$、$L_{min}$、标准偏差（SD）。

## 九、生态质量监测网络

2022年，海南省生态质量监测范围覆盖18个市县（不含三沙市）。

数据来源：基于国产高分/资源卫星影像（分辨率优于3 m），采用目视解译的方法进行空间分布信息遥感提取，形成原始影像数据、空间分布矢量数据。

监测频次：每年监测1次。

主要步骤：（1）遥感影像数据的收集及预处理；（2）基于典型要素遥感解译标志，经目视判读，实现信息面向对象的遥感解译与分类提取；（3）对遥感分类结果实地核查和验证精度，对遥感分类结果进行修正和优化，最终获得空间分布矢量数据；（4）基于ArcGIS软件空间分析功能，对所得的海南省土地利用类型数据、岸线数据、生态保护红线数据、地级市建成区绿地数据、植被覆盖度（NDVI）数据等进行统计计算，最后计算海南省及各市县生态质量指数（EQI）。

## 十、辐射环境质量监测网络

2022 年，海南省辐射环境质量监测点位共 50 个，包括陆域 15 个辐射环境空气自动监测站、12 个累积剂量监测点、5 个水体监测点（3 个饮用水水源监测点、1 个地表水监测点、1 个地下水监测点）、4 个土壤监测点和 4 个电磁辐射监测点，以及海域 7 个海水监测点（近岸海域 3 个、近海海域 4 个）和 3 个近岸海域海洋生物监测点。监测点位覆盖 11 个市县，涉及环境 γ 辐射剂量率、空气、水体、生物、土壤和电磁辐射 6 类要素。

监测频次及监测项目如下：

15 个辐射环境空气自动监测站均开展环境 γ 辐射剂量率连续监测；除东方市八所站、文昌市文城站外，其余 13 个站根据站点采样功能开展气碘、气溶胶、沉降物、降水、氚化水蒸气及氡监测。其中海口市红旗镇站监测空气中碘 -131（1 次 / 季），气溶胶中 γ 核素、钋 -210 和铅 -210（1 次 / 月）、锶 -90 和铯 -137（1 次 / 月，累积 1 年测量），沉降物 γ 核素（1 次 / 季）、锶 -90 和铯 -137（1 次 / 季，累积 1 年测量），降水氚（累积样，1 次 / 季），氚化水蒸气（1 次 / 年），空气中氡（1 次 / 季，累积样）。其余 12 个站监测气溶胶 γ 核素（1 次 / 季），锶 -90 和铯 -137（1 次 / 季，累积 1 年测量）；除海口市白驹大道站、三亚市榆亚路站和三沙市永兴岛站外的 9 个站点增加监测空气中碘 -131（1 次 / 季）、沉降物 γ 核素（1 次 / 季）、锶 -90 和铯 -137（1 次 / 季，累积 1 年测量）。

12 个环境 γ 辐射剂量率累积监测点监测环境 γ 辐射剂量率，1 次 / 季。

5 个水体监测点中 1 个地表水监测点位监测总 α、总 β、铀、钍、镭 -226、锶 -90、铯 -137（枯水期、平水期各 1 次）；南渡江海口龙塘段饮用水水源监测点位监测总 α、总 β、锶 -90、铯 -137（1 次 / 半年），其余 2 个饮用水水源监测点位监测总 α、总 β（1 次 / 年）；1 个地下水监测点位监测总 α、总 β、铀、钍、镭 -226（1 次 / 年）。

3 个近岸海域海水点监测铀、钍、锶 -90、氚、γ 核素，1 次 / 年。

4 个近海海域海水监测点监测锶 -90、氚、γ 核素，1 次 / 年。

3 个近岸海域海洋生物监测点监测 γ 核素、锶 -90、氚、碳 -14、铅 -210、钋 -210，1 次 / 年。

4 个土壤监测点监测 γ 核素、锶 -90，1 次 / 年。

4 个电磁辐射监测点监测功率密度、工频电场强度、工频磁感应强度，1 次 / 年。

# 第二章 评价方法与标准

## 一、环境空气质量评价方法与标准

城市空气质量评价依据《环境空气质量标准》（GB 3095—2012）及修改单[①]和《环境空气质量评价技术规范（试行）》（HJ 663—2013）。同时按照《生态环境部办公厅关于印发〈城市环境空气质量排名技术规定〉的通知》（环办监测〔2018〕19号）要求计算6项指标的综合指数，对各市县环境空气质量进行综合污染评价及排名。

降尘标准限值按照海南省污染防治工作领导小组办公室《关于开展城乡扬尘专项整治行动的通知》中3 t/（$km^2$·月）的要求进行达标评价。

## 二、降水质量评价方法与标准

降水质量评价依据《空气和废气监测分析方法（第四版）》中“空气中$CO_2$溶解于降水和从降水中逸出达到动态平衡时的pH约为5.60，因此通常称pH小于5.60的降水为酸雨”。以pH小于5.60作为酸雨判据，pH低于5.00的降水为较重酸雨，pH低于4.50的降水为重酸雨，酸雨城市是指降水pH年均值低于5.60的城市。

降水pH平均值采用雨量加权平均值计算：

$$pH=-\log[H^+]$$

$$[H^+]_{平均}=\frac{\sum[H^+]_i\cdot V_i}{\sum V_i}$$

$$pH_{平均}=-\log[H^+]_{平均}$$

式中，$[H^+]_i$——第$i$次降水中的氢离子浓度，mol/L；

$V_i$——第$i$次降水的降水量，mm。

酸雨率为pH小于5.60的降水样品个数占降水样品总个数的百分率。

① 本书中涉及的修改单发布前监测数据均按修改单要求转换后参与评价。

阴阳离子浓度平均值采用雨量加权平均值计算：

$$[X]=\frac{\sum_{i=1}[X]_i \cdot V_i}{\sum_{i=1}^{n} V_i}$$

式中，$[X]_i$——第 $i$ 次降水中某离子的浓度，mg/L；

$V_i$——第 $i$ 次降水中的实测降水量，mm。

## 三、地表水环境质量评价方法与标准

地表水环境质量评价依据《地表水环境质量标准》（GB 3838—2002）、《“十四五”国家地表水监测及评价方案（试行）》（环办监测函〔2020〕714 号）、《地表水环境质量评价办法（试行）》（环办〔2011〕22 号）、《地表水环境质量监测数据统计技术规定（试行）》（环办监测函〔2020〕82 号），同时按照《城市地表水环境质量排名技术规定（试行）》（环办监测〔2017〕51 号）对各市县地表水环境质量进行排名。

选取海南省地表水水质定类指标，按照《地表水环境质量标准》（GB 3838—2002）Ⅲ类标准计算水质综合污染指数以评价水质的综合污染程度。

河流、水系、湖库综合污染指数计算公式：

$$P=\frac{1}{m}\sum_{j=1}^{m} P_j$$

断面（点位）综合污染指数计算公式：

$$P_j=\frac{1}{n}\sum_{i=1}^{n} P_{ij}$$

除溶解氧外，单项污染指数计算公式：

$$P_{ij}=\frac{C_{ij}}{C_{i0}}$$

溶解氧污染指数计算公式：

$$P_{ij}=\begin{cases}0, C_{ij} \geqslant C_{饱(t)} \\ \dfrac{C_{饱(t)}-C_{ij}}{C_{饱(t)}-C_{标(t)}}, C_{ij}<C_{饱(t)}\end{cases}$$

式中，$P$——河流、水系、湖库的综合污染指数；

$m$——参与评价的断面（点位）数，个；

$P_j$——第 $j$ 个断面（点位）的综合污染指数；

$n$——参与评价的污染项目数，个；

$P_{ij}$——第 $j$ 个断面（点位）第 $i$ 个指标的污染指数；

$C_{ij}$——第 $j$ 个断面（点位）第 $i$ 个指标的浓度，mg/L；

$C_{i0}$——第 $i$ 个指标的评价标准限值，mg/L；

$C_{饱(t)}$——$t$ 温度下的饱和溶解氧值，$C_{饱(t)}=477.8/(t+32.26)$，mg/L；

$C_{标(t)}$——$t$ 温度下相应水质类别的溶解氧标准值，$C_{标(t)}=C_{饱(t)}\times$ 饱和度，Ⅲ类标准对应的饱和度为 60%，mg/L。

## 四、饮用水水源地水质评价方法与标准

地表水型饮用水水源地评价依据《地表水环境质量标准》（GB 3838—2002）和《地表水环境质量评价办法（试行）》（环办〔2011〕22 号），执行Ⅲ类水质标准；补充项目和优选特定项目 33 项执行相应标准限值。

地下水型饮用水水源地评价依据《地下水质量标准》（GB/T 14848—2017），执行Ⅲ类地下水质标准。

水质评价采用单因子评价法，分为达标和不达标两类。饮用水水源地达标率为年度达标水源地数量之和与水源地总数量的百分比。水源年度评价采用年内各月（季）累计评价结果加和，即水质年内各月（季）均达标，则年度评价为达标，否则为不达标。

## 五、地下水环境质量评价方法与标准

地下水环境质量评价依据《地下水质量标准》（GB/T 14848—2017）中地下水质量综合评价方法，总体水质按照枯水期和丰水期 2 次监测的平均值进行评价，按单指标评价结果最差的类别确定监测点位的水质类别。

## 六、土壤环境质量评价方法与标准

土壤环境质量评价依据《土壤环境质量　农用地土壤污染风险管控标准（试行）》（GB 15618—2018），按镉、汞、铅、砷、铬、铜、锌、镍、苯并 [*a*] 芘、六六六总量、滴滴涕总量 11 个监测指标中类别最差的指标确定监测点位评价结果。

## 七、海洋环境质量评价方法与标准

### （一）海水水质

近岸海域海水水质评价依据《海水水质标准》（GB 3097—1997）、《近岸海域环境监测技术规范　第十部分　评价及报告》（HJ 442.10—2020）、《海水质量状况评价技术规程（试行）》（海环字〔2015〕25号）。海水水质评价采用面积法，评价指标为pH、无机氮、活性磷酸盐、化学需氧量、石油类、溶解氧、铜、汞、镉、铅共10项。

### （二）海水浴场

海水浴场近岸海域水质评价依据《海水浴场监测与评价指南》（HY/T 0276—2019）。

### （三）海洋沉积物

海洋沉积物评价依据《海洋沉积物质量综合评价技术规程（试行）》（海环字〔2015〕26号）。

### （四）典型海洋生态系统健康状况

典型海洋生态系统健康状况评价依据《近岸海洋生态健康评价指南》（HY/T 087—2005）。

珊瑚礁、海草床生态系统海水水质评价依据《海水水质标准》（GB 3097—1997）和《近岸海域环境监测技术规范　第十部分　评价及报告》（HJ 442.10—2020）。

海草床生态系统沉积物评价依据《海洋沉积物质量》（GB 18668—2002）和《海洋沉积物质量综合评价技术规程（试行）》（海环字〔2015〕26号）。

### （五）海洋垃圾和海洋微塑料

海洋垃圾评价依据《海洋垃圾监测与评价技术规程（试行）》（海环字〔2015〕31号），海洋微塑料评价依据《海洋微塑料监测技术规程（试行）》（海环字〔2016〕13号）。

## 八、声环境质量评价方法与标准

区域声环境质量、道路交通声环境质量、功能区声环境质量评价依据《环境噪声监测技术规范　城市声环境常规监测》（HJ 640—2012）和《声环境质量标准》（GB 3096—2008）。

## 九、生态质量评价方法与标准

生态质量评价依据《区域生态质量评价办法（试行）》（环监测〔2021〕99 号），以地市级和县（市）级为单元，通过构建指标体系计算生态质量指数（EQI）（表 1-2-1）。

表 1-2-1 区域生态质量评价指标体系

<table>
<tr><th>一级指标</th><th>二级指标</th><th>三级指标</th><th>评价县域</th></tr>
<tr><td rowspan="5">生态格局</td><td rowspan="2">生态组分</td><td>生态用地面积比指数</td><td>所有市县</td></tr>
<tr><td>海洋自然岸线保有指数</td><td>昌江县、澄迈县、儋州市、东方市、海口市秀英区、海口市龙华区、海口市美兰区、乐东县、临高县、陵水县、琼海市、三亚市海棠区、三亚市吉阳区、三亚市天涯区、三亚市崖州区、万宁市及文昌市</td></tr>
<tr><td rowspan="3">生态结构</td><td>生态保护红线面积比指数</td><td>所有市县</td></tr>
<tr><td>生境质量指数</td><td>所有市县</td></tr>
<tr><td>重要生态空间连通度指数</td><td>所有市县</td></tr>
<tr><td rowspan="7">生态功能</td><td>水土保持</td><td>水土保持指数</td><td>—</td></tr>
<tr><td>水源涵养</td><td>水源涵养指数</td><td>—</td></tr>
<tr><td>防风固沙</td><td>防风固沙指数</td><td>—</td></tr>
<tr><td rowspan="2">生态宜居</td><td>建成区绿地率指数</td><td rowspan="2">海口市龙华区、海口市美兰区、海口市秀英区、海口市琼山区、儋州市、三亚市吉阳区及三亚市天涯区</td></tr>
<tr><td>建成区公园绿地可达指数</td></tr>
<tr><td rowspan="2">生态活力</td><td>植被覆盖指数</td><td rowspan="2">白沙县、保亭县、昌江县、澄迈县、定安县、东方市、乐东县、临高县、陵水县、琼海市、琼中县、屯昌县、万宁市、文昌市、五指山市、三亚市崖州区及三亚市海棠区</td></tr>
<tr><td>水网密度指数</td></tr>
<tr><td rowspan="3">生物多样性</td><td>生物保护</td><td>重点保护生物指数</td><td>所有市县</td></tr>
<tr><td rowspan="2">重要生物功能群</td><td>指示生物类群生命力指数</td><td rowspan="2">所有市县</td></tr>
<tr><td>原生功能群种占比指数</td></tr>
<tr><td rowspan="3">生态胁迫</td><td rowspan="2">人为胁迫</td><td>陆域开发干扰指数</td><td>所有市县</td></tr>
<tr><td>海域开发干扰指数</td><td>昌江县、澄迈县、儋州市、东方市、海口市秀英区、海口市龙华区、海口市美兰区、乐东县、临高县、陵水县、琼海市、三亚市海棠区、三亚市吉阳区、三亚市天涯区、三亚市崖州区、万宁市及文昌市</td></tr>
<tr><td>自然胁迫</td><td>自然灾害受灾指数</td><td>所有市县</td></tr>
</table>

## 十、辐射环境质量评价方法与标准

辐射环境质量评价方法见表 1-2-2。

表 1-2-2　辐射环境监测结果评价方法

| 监测对象 | 监测项目 | 评价对象 | 评价方法 | 评价结论 |
|---|---|---|---|---|
| 环境γ辐射 | 环境γ辐射剂量率（连续） | 小时均值 | 处于《中国环境天然放射性水平》中海南调查结果范围内；处于历年测值范围内；处于历年涨落范围内[①]；处于昌江核电运行前本底调查测值范围内 | 本底水平（或本底涨落范围内） |
| | 环境γ辐射剂量率（累积剂量） | 小时均值 | | |
| | 环境γ辐射剂量率（瞬时） | 测值 | | |
| 空气、水、土壤、生物 | 总α、总β、钾-40、铍-7、铅-210、钋-210、铀、钍、铀-238、钍-232、镭-226 | 样品测量值 | 处于历年测值范围内；处于历年涨落范围内；处于昌江核电运行前本底调查测值范围内 | |
| | 氚、碳-14、锶-90、铯-137 | | 处于历年测值范围内；处于历年涨落范围内；处于昌江核电运行前本底调查测值范围内 | 未见异常（或本底涨落范围内） |
| | 其余人工γ放射性核素 | | 低于探测下限（未检出） | |
| 湖库水、饮用水水源地水 | 总α、总β | 样品测量值 | 与《生活饮用水卫生标准》（GB 5749—2006）规定的放射性指标指导值比较 | 高于或低于标准规定限值 |
| 海水 | 铯-137、锶-90 | 样品测量值 | 与《海水水质标准》（GB 3097—1997）中规定的限值比较 | |
| 地下水 | 总α、总β | 样品测量值 | 与《地下水质量标准》（GB/T 14848—2017）中规定的Ⅲ类标准值比较 | |
| 环境电磁辐射 | 功率密度、工频电场强度、工频磁感应强度 | 测量值 | 与《电磁环境控制限值》（GB 8702—2014）中规定的相应频率范围公众曝露控制限值比较 | |

注：① 历年涨落范围是指基于历年监测值统计平均值 ±3 倍标准偏差的范围。

# 第二篇

# 生态环境质量状况

# 第一章　环境空气

2022 年，海南省环境空气质量总体优良，优良天数比例为 98.7%；$O_3$ 浓度达到二级标准，其余 5 项污染物浓度均达到一级标准。与 2021 年相比，优良天数比例下降 0.7 个百分点；$PM_{2.5}$、$PM_{10}$、$SO_2$ 和 $NO_2$ 浓度分别下降了 1 μg/$m^3$、2 μg/$m^3$、1 μg/$m^3$ 和 1 μg/$m^3$，$O_3$ 浓度上升了 1 μg/$m^3$，CO 浓度持平。

## 第一节　环境空气质量现状

### 一、海南省环境空气质量现状

#### （一）优良天数比例

2022 年，海南省环境空气质量总体优良，优良天数比例为 98.7%，其中优级天数比例为 84.0%，良级天数比例为 14.7%，轻度污染天数比例为 1.3%，无中度及以上污染天（图2-1-1 ）。

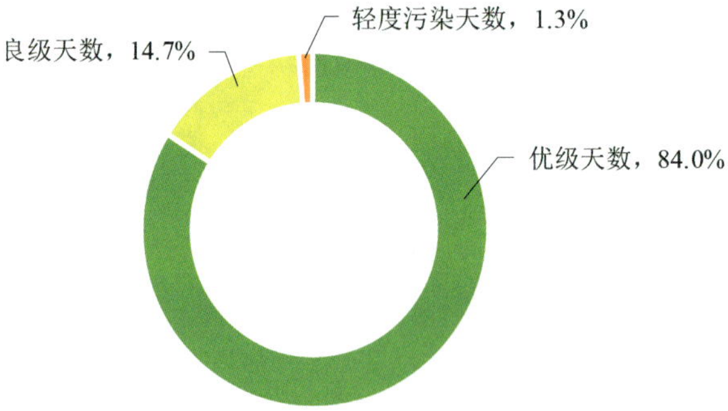


图 2-1-1　2022 年海南省环境空气各级天数比例

#### （二）主要污染物浓度

2022 年，海南省环境空气主要污染物浓度分别为细颗粒物（$PM_{2.5}$）年均浓度

12 μg/m³、可吸入颗粒物（$PM_{10}$）年均浓度 23 μg/m³、二氧化氮（$NO_2$）年均浓度 6 μg/m³、二氧化硫（$SO_2$）年均浓度 4 μg/m³、一氧化碳（CO）第 95 百分位数平均浓度 0.7 mg/m³、臭氧（$O_3$）第 90 百分位数平均浓度 112 μg/m³，其中 $PM_{2.5}$、$PM_{10}$、$NO_2$、$SO_2$ 年均浓度及 CO 第 95 百分位数平均浓度均达到一级标准，$O_3$ 第 90 百分位数平均浓度达到二级标准（图 2-1-2）。

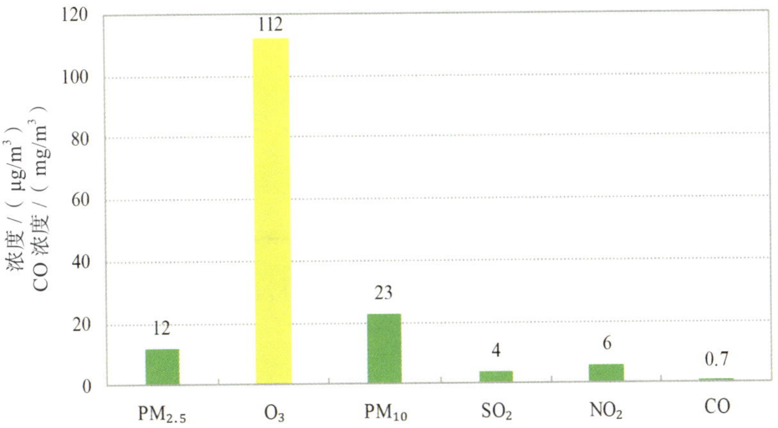

图 2-1-2　2022 年海南省环境空气主要污染物浓度

## （三）环境空气质量综合指数

2022 年，海南省环境空气质量综合指数为 1.764，其中 $O_3$ 单项质量指数为 0.700，$PM_{2.5}$ 单项质量指数为 0.343，$PM_{10}$ 单项质量指数为 0.329，CO 单项质量指数为 0.175，$NO_2$ 单项质量指数为 0.150，$SO_2$ 单项质量指数为 0.067。各污染物单项质量指数的贡献从大到小依次为 39.9%（$O_3$）、19.0%（$PM_{2.5}$）、18.7%（$PM_{10}$）、10.0%（CO）、8.5%（$NO_2$）和 3.9%（$SO_2$），$O_3$、$PM_{2.5}$ 和 $PM_{10}$ 对海南省环境空气质量的影响较大（图 2-1-3）。

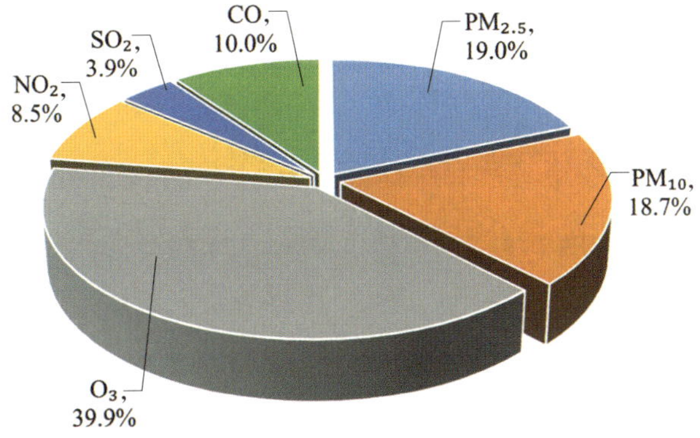

图 2-1-3　2022 年海南省环境空气污染物污染贡献比例

## 二、各市县环境空气质量现状

### （一）优良天数比例

2022 年，三亚市和五指山市优良天数比例为 100%，其余 17 个市县出现 2 ～ 14 d 轻度污染，优良天数比例为 96.0% ～ 99.5%，轻度污染天的超标污染物均为 $O_3$。

### （二）主要污染物浓度

1. $PM_{2.5}$

2022 年，海南省 19 个市县 $PM_{2.5}$ 年均浓度为 8 ～ 16 μg/$m^3$，临高县 $PM_{2.5}$ 年均浓度达到二级标准，其余 18 个市县 $PM_{2.5}$ 年均浓度均达到一级标准。各市县 $PM_{2.5}$ 日平均浓度为 1 ～ 75 μg/$m^3$，均达到二级标准，其中未达到一级标准的天数比例为 1.4%（98 d）。

2. $PM_{10}$

2022 年，海南省 19 个市县 $PM_{10}$ 年均浓度为 18 ～ 26 μg/$m^3$，均达到一级标准；$PM_{10}$ 日平均浓度为 1 ～ 83 μg/$m^3$，均达到二级标准，其中未达到一级标准的天数比例为 2.0%（135 d）。

3. $O_3$

2022 年，海南省 19 个市县 $O_3$ 第 90 百分位数浓度为 92 ～ 136 μg/$m^3$，其中三沙市和五指山市 $O_3$ 第 90 百分位数浓度达到一级标准，其余市县达到二级标准；各市县 $O_3$ 日最大 8 h 滑动平均浓度为 2 ～ 196 μg/$m^3$，其中未达到一级标准的天数比例为 15.8%（1 086 d），超过二级标准的天数比例为 1.3%（88 d）。

4. $NO_2$

2022 年，海南省 19 个市县 $NO_2$ 年均浓度为 4 ～ 10 μg/$m^3$，远低于一级标准；各市县 $NO_2$ 日平均浓度为 1 ～ 33 μg/$m^3$，远低于一级标准。

5. $SO_2$

2022 年，海南省 19 个市县 $SO_2$ 年均浓度为 2 ～ 6 μg/$m^3$，远低于一级标准；各市县 $SO_2$ 日平均浓度为 1 ～ 16 μg/$m^3$，远低于一级标准。

6. CO

2022 年，海南省 19 个市县 CO 第 95 百分位数浓度为 0.5 ～ 0.8 mg/$m^3$，远低于一级标准；各市县 CO 日平均浓度为 0.1 ～ 1.3 mg/$m^3$，远低于一级标准。

## （三）环境空气质量级别与占比

2022 年，三沙市和五指山市环境空气质量级别为一级，占比为 10.5%；其余 17 个市县环境空气质量级别为二级，占比为 89.5%。其中，临高县 $PM_{2.5}$ 年均浓度达到二级标准，其余市县均达到一级标准；三沙市和五指山市 $O_3$ 第 90 百分位数浓度达到一级标准，其余市县达到二级标准；19 个市县的 $PM_{10}$、$NO_2$、$SO_2$ 年均浓度和 CO 第 95 百分位数浓度均达到一级标准（图 2-1-4）。

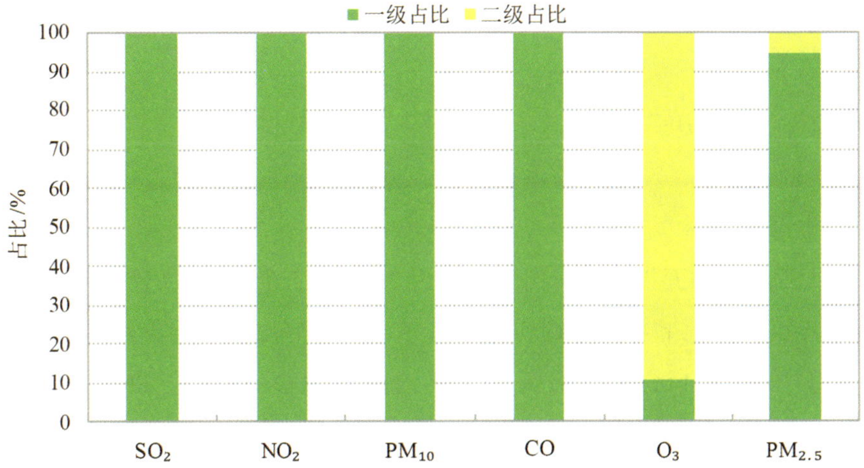


图 2-1-4 2022 年海南省各市县环境空气主要污染物级别占比

## （四）环境空气质量综合指数及排名

2022 年，海南省 19 个市县环境空气质量综合指数为 1.431 ～ 2.111。五指山市和三沙市的环境空气质量综合指数较低，分别为 1.431 和 1.451；乐东、保亭、白沙、三亚、琼中、陵水、屯昌 7 个市县环境空气质量综合指数为 1.500 ～ 1.800；万宁、琼海、东方、定安、澄迈、昌江、儋州 7 个市县的环境空气质量综合指数为 1.800 ～ 2.000；海口市和临高县环境空气质量综合指数大于 2.000（表 2-1-1）。

表 2-1-1 2022 年海南省各市县环境空气质量排名

| 排名 | 市县名称 | 环境空气质量综合指数 | 排名 | 市县名称 | 环境空气质量综合指数 |
|---|---|---|---|---|---|
| 1 | 五指山市 | 1.431 | 11 | 万宁市 | 1.802 |
| 2 | 三沙市 | 1.451 | 12 | 琼海市 | 1.826 |
| 3 | 乐东县 | 1.568 | 13 | 东方市 | 1.858 |

| 排名 | 市县名称 | 环境空气质量综合指数 | 排名 | 市县名称 | 环境空气质量综合指数 |
|---|---|---|---|---|---|
| 4 | 保亭县 | 1.585 | 14 | 定安县 | 1.909 |
| 5 | 白沙县 | 1.626 | 15 | 澄迈县 | 1.921 |
| 6 | 三亚市 | 1.658 | 16 | 昌江县 | 1.928 |
| 7 | 琼中县 | 1.693 | 17 | 儋州市 | 1.959 |
| 8 | 陵水县 | 1.714 | 18 | 海口市 | 2.015 |
| 9 | 屯昌县 | 1.777 | 19 | 临高县 | 2.111 |
| 10 | 文昌市 | 1.792 | — | — | — |

注：各市县环境空气质量综合指数差异较小，为方便各市县排名，结果保留 3 位小数。

## （五）首要污染物

2022 年，三亚市和五指山市未出现超标天，其余 17 个市县共出现 88 d 超标天，空气质量级别为轻度污染，超标污染物均为 $O_3$。17 个市县轻度污染天数为 2 ～ 14 d。

19 个市县共出现 1 006 d 良级天，首要污染物为 $O_3$、$PM_{2.5}$、$PM_{10}$，占比分别为 89.6%、5.5%、5.9%。各市县良级天数为 18 ～ 88 d，其中以 $O_3$ 为首要污染物的天数占比为 70.8% ～ 100%，以 $PM_{2.5}$ 为首要污染物的天数占比为 0 ～ 37.5%，以 $PM_{10}$ 为首要污染物的天数占比为 0 ～ 11.8%，其中有 2 d 出现 2 种首要污染物。

## （六）降尘量

2022 年，海南省降尘年均量为 1.6 t/（$km^2$·月），低于降尘标准限值 [3 t/（$km^2$·月）]。19 个市县降尘年均量为 0.60 ～ 2.90 t/（$km^2$·月），均低于降尘标准限值，降尘量呈中间低、四周高的空间分布特征。

海南省月降尘量达标率为 84.6%，海口、三亚、五指山、三沙、东方、陵水、文昌、临高 8 个市县存在月降尘量超标情况。

# 第二节　环境空气质量时空变化规律分析

## 一、海南省环境空气质量时空变化规律分析

### （一）日变化

2022 年，海南省 $PM_{2.5}$ 与 $PM_{10}$ 日变化趋势类似，均呈明显的双峰形日变化规律，其中 $PM_{2.5}$ 日内 1 h 平均浓度为 11 ～ 13 μg/m³，波动幅度较小，峰值出现在 9 时和 20 时左右，谷值出现在 15 时左右；$PM_{10}$ 日内 1 h 平均浓度为 21 ～ 24 μg/m³，峰值出现在 10 时和 19 时左右，谷值出现在 15 时左右（图 2-1-5）。

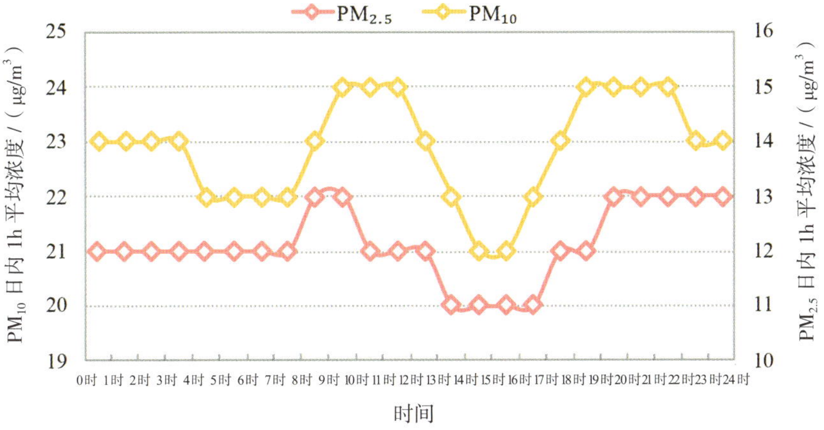


图 2-1-5　2022 年海南省 $PM_{2.5}$ 和 $PM_{10}$ 的日内 1 h 平均浓度变化情况

$O_3$ 日内 1 h 平均浓度为 40 ～ 70 μg/m³，呈单峰形日变化规律，8 时达到最低值。从 8 时起 $O_3$ 浓度逐渐上升，14—16 时达到峰值后浓度下降（图 2-1-6）。

$NO_2$ 日内 1 h 平均浓度为 5 ～ 9 μg/m³，呈单峰形日变化规律，最高值出现在 8 时，最低值出现在 12—16 时，与 $O_3$ 的日变化规律呈此消彼长趋势（图 2-1-6）。

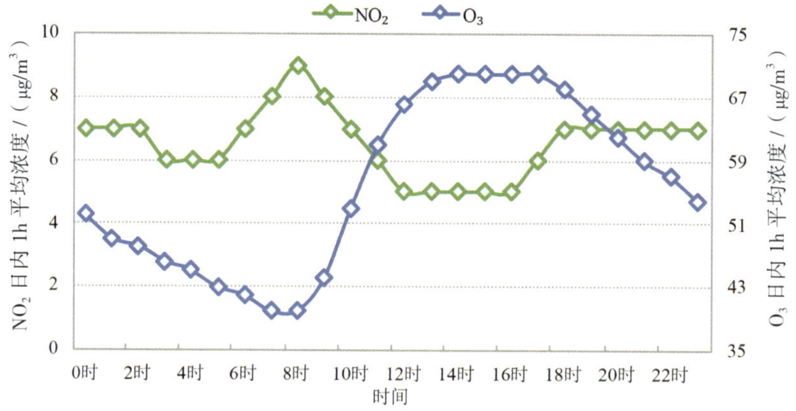


图 2-1-6　2022 年海南省 $NO_2$ 和 $O_3$ 的日内 1 h 平均浓度变化情况

$SO_2$ 和 CO 日内 1 h 平均浓度均稳定在低浓度范围，其中 $SO_2$ 的日内 1 h 平均浓度均为 4 μg/m$^3$，CO 的日内 1 h 平均浓度均为 0.5 mg/m$^3$，未发生变化。

## （二）月变化

2022 年，$PM_{2.5}$ 和 $PM_{10}$ 月均浓度分别为 6 ～ 20 μg/m$^3$、14 ～ 34 μg/m$^3$，变化趋势基本一致。5—8 月的月均浓度明显低于其余月份，其中，9—12 月 $PM_{2.5}$ 月均浓度达到二级标准，其余月份均达到一级标准；所有月份 $PM_{10}$ 月均浓度均达到一级标准。

$O_3$ 月均浓度为 60 ～ 156 μg/m$^3$，其中，1 月、4 月、9 月、10 月和 12 月 $O_3$ 月均浓度达到二级标准，其余月份均达到一级标准，且 5—8 月 $O_3$ 月均浓度明显低于其余月份（图 2-1-7）。

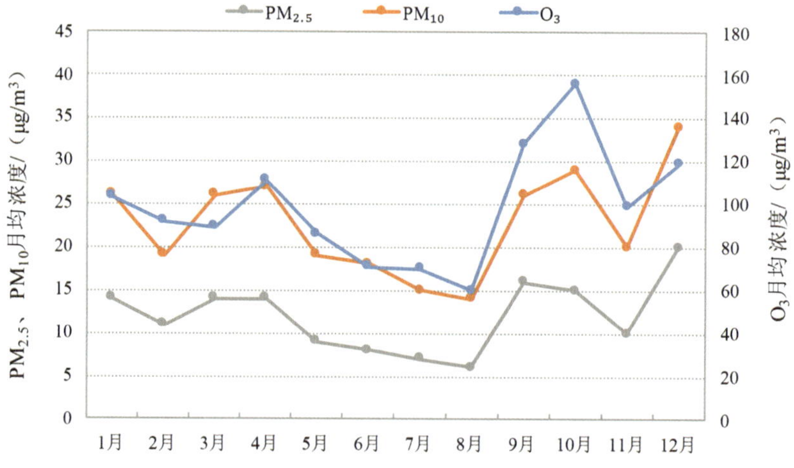


图 2-1-7　2022 年海南省各月份 $PM_{2.5}$、$PM_{10}$ 及 $O_3$ 月均浓度变化情况

$SO_2$、$NO_2$ 和 CO 月均浓度均在低浓度范围内波动。$SO_2$ 月均浓度为 4 ～ 5 μg/$m^3$；$NO_2$ 月均浓度为 5 ～ 10 μg/$m^3$，波动较为明显，1 月、11 月和 12 月出现高值；CO 月均浓度为 0.6 ～ 0.9 mg/$m^3$（图 2-1-8）。

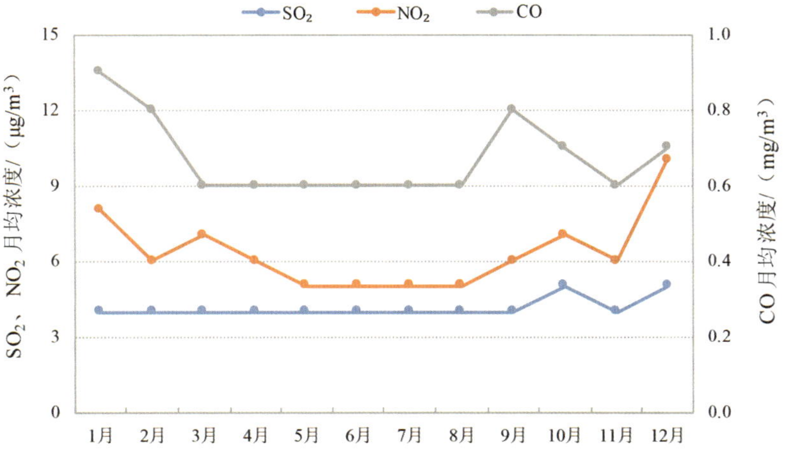


图 2-1-8　2022 年海南省各月份 $SO_2$、$NO_2$ 及 CO 月均浓度变化情况

## （三）季风转变变化

海南省为热带海洋性季风气候，冬季受蒙古高压及地转偏向力的影响，9 月至次年 4 月盛行风向一般以东北风为主；夏季则受印度低压影响，5—8 月以偏南风为主（图 2-1-9）。

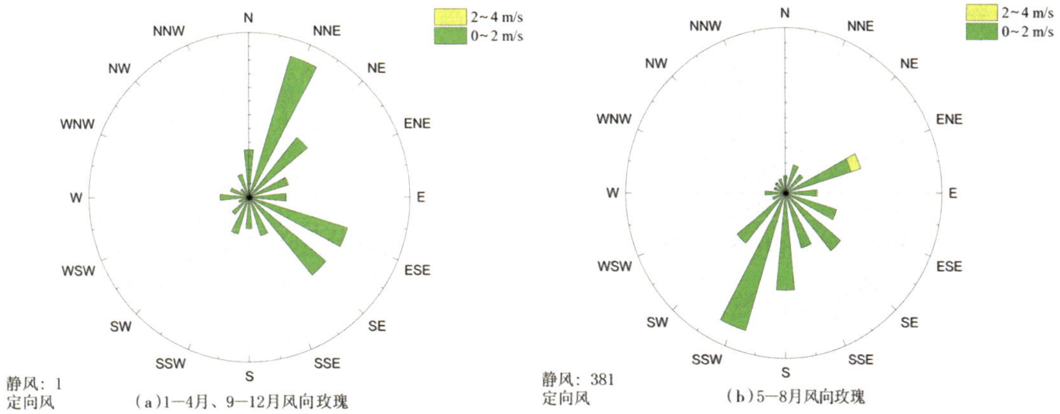


图 2-1-9　2022 年海南省冬季、夏季风向玫瑰图

2022 年，海南省环境空气质量受季风气候影响明显，盛行风向以东北风为主时（1—4 月、9—12 月），海南省环境空气优良天数比例为 97.6%，$O_3$、$PM_{2.5}$、$PM_{10}$ 浓度分别为 120 μg/$m^3$、14 μg/$m^3$、26 μg/$m^3$；而盛行风向以偏南风为主时（5—8 月），优良天数比例为 98.3%，$O_3$、$PM_{2.5}$、$PM_{10}$ 浓度分别为 74 μg/$m^3$、8 μg/$m^3$、17 μg/$m^3$，优良天数比例上升 0.7 个百分点，主要污染物 $O_3$、$PM_{2.5}$、$PM_{10}$ 浓度分别下降 38.3%、42.9%、34.6%（图 2-1-10）。

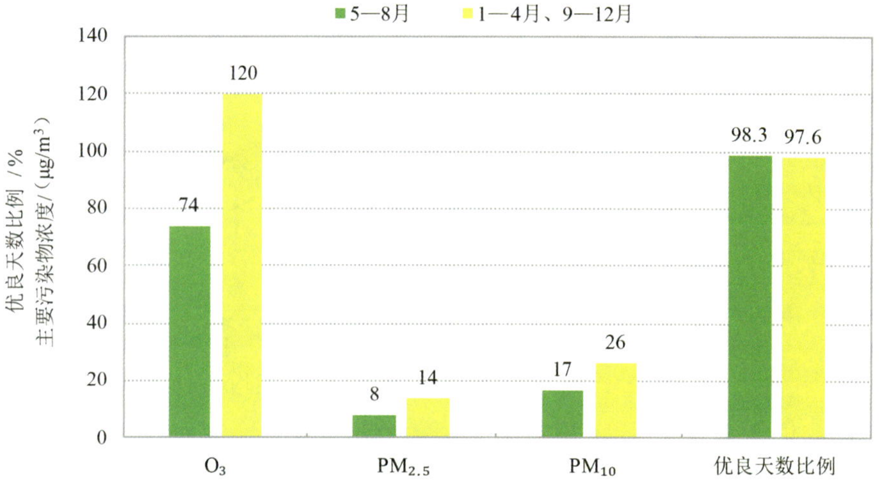


图 2-1-10　2022 年季风转变条件下海南省环境空气优良天数比例和主要污染物浓度对比

## 二、各市县环境空气质量时空变化规律分析

### （一）日变化规律

2022 年 5—8 月，海南省 19 个市县环境空气质量基本为优；1—4 月，海南省环境空气质量以优良为主，文昌、东方、定安、澄迈、临高、白沙、昌江、乐东、琼中 9 个市县均出现 1 ～ 3 d 轻度污染；10 月，海南省空气质量明显转差，环境空气质量以良级与轻度污染为主，除三亚市和五指山市以外，其余 17 个市县均出现 1 ～ 9 d 轻度污染；11—12 月，海南省环境空气质量为优良，无轻度污染天（图 2-1-11）。

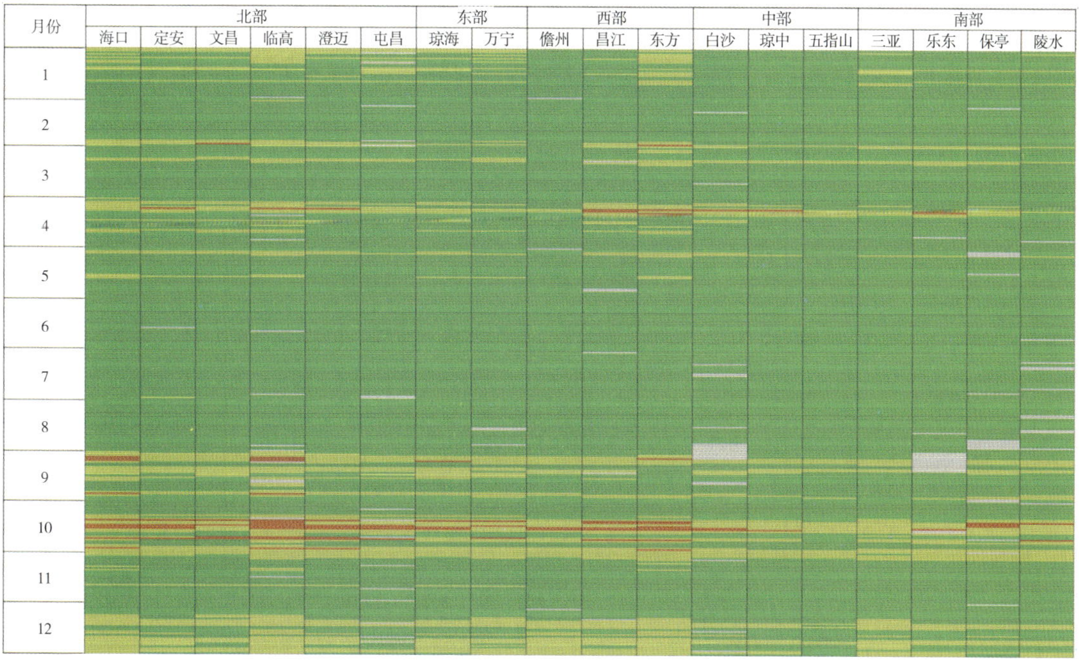


注：绿色为优级天，黄色为良级天，橙色为轻度污染天，灰色为无效天。

图 2-1-11　2022 年海南省各市县环境空气质量日历图

## （二）月变化规律

2022 年，海南省 19 个市县 $PM_{2.5}$ 各月月均浓度为 3 ～ 31 μg/m³，9 月和 12 月各市县月均浓度差异较大，5—8 月各市县月均浓度差异较小（图 2-1-12）。

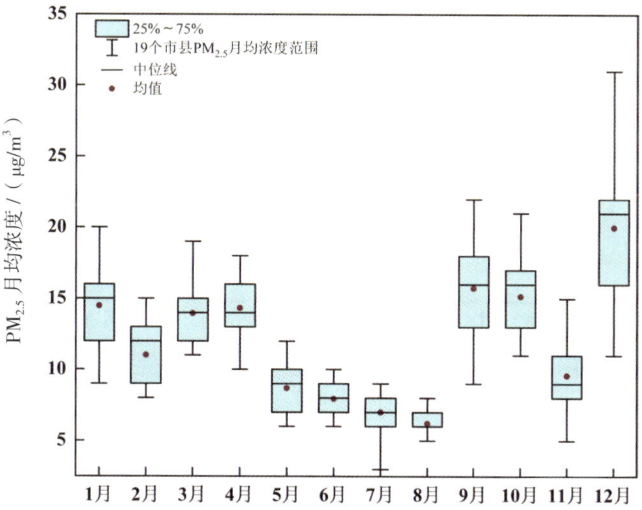


图 2-1-12　2022 年海南省各市县 $PM_{2.5}$ 月均浓度分布

海南省 19 个市县 $PM_{10}$ 各月月均浓度为 8 ～ 41 μg/m³，1—2 月、9—10 月和 12 月各市县月均浓度差异较大，5—8 月各市县月均浓度差异较小（图 2-1-13）。

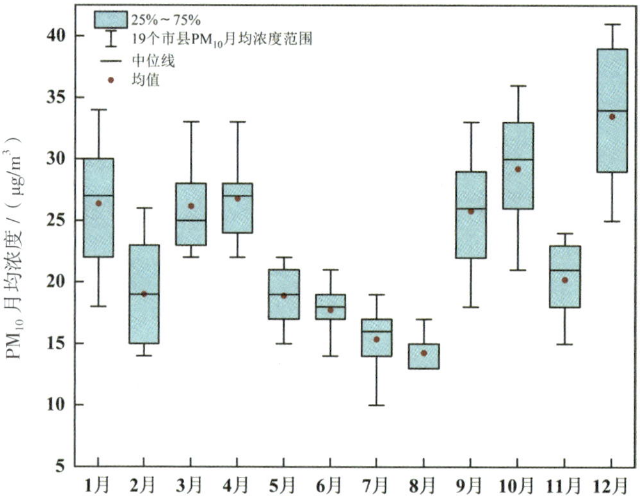


图 2-1-13　2022 年海南省各市县 $PM_{10}$ 月均浓度分布

海南省 19 个市县 $O_3$ 各月月均浓度为 47 ～ 181 μg/m³，9 月和 11 月各市县月均浓度差异较大，6—8 月各市县月均浓度差异较小（图 2-1-14）。

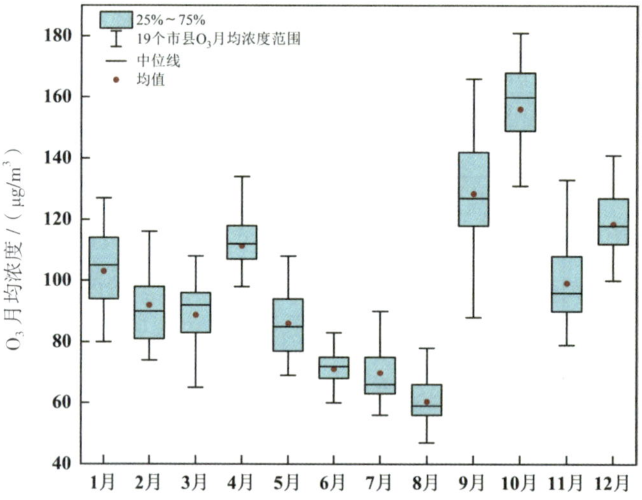


图 2-1-14　2022 年海南省各市县 $O_3$ 月均浓度分布

海南省 19 个市县 $SO_2$、$NO_2$ 和 CO 各月月均浓度分别为 2 ～ 8 μg/m³、2 ～ 15 μg/m³ 和 0.4 ～ 1.2 mg/m³，各市县差异不大。

## （三）空间变化规律

2022 年，海南省环境空气 6 项主要污染物浓度均呈现北部、西部较高，中部、南部较低的分布规律。

海南省 19 个市县的 $PM_{2.5}$ 年均浓度为 8 ～ 16 μg/m³。其中北部地区和西部地区 $PM_{2.5}$ 年均浓度较大，均达到 13 μg/m³，东部地区 $PM_{2.5}$ 年均浓度也达到 12 μg/m³，其中北部地区的临高县、西部地区的昌江县为 $PM_{2.5}$ 浓度较高值区；中部地区和南部地区 $PM_{2.5}$ 年均浓度较低，均为 10 μg/m³；三沙市 $PM_{2.5}$ 年均浓度最低，为 8 μg/m³（图 2-1-15 和图 2-1-16）。

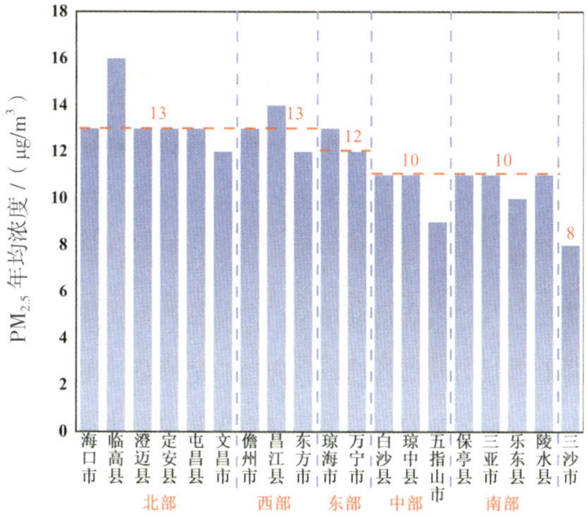


图 2-1-15　2022 年海南省各市县 $PM_{2.5}$ 年均浓度空间分布

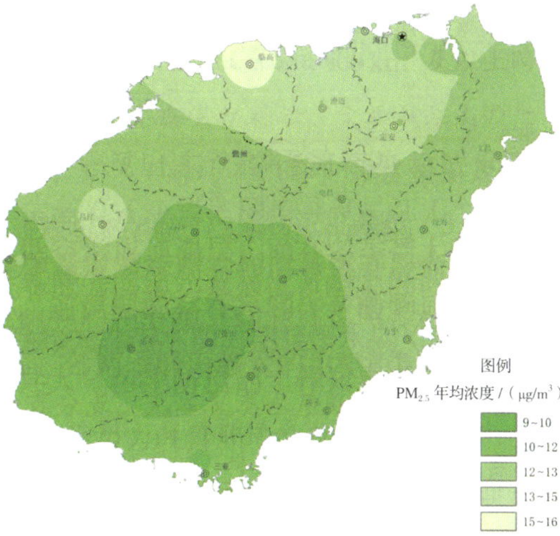


图 2-1-16　2022 年海南岛 $PM_{2.5}$ 年均浓度空间分布

海南省 19 个市县的 $PM_{10}$ 年均浓度为 18 ～ 26 μg/m³。北部地区 $PM_{10}$ 年均浓度较高，为 25 μg/m³，西部地区和东部地区 $PM_{10}$ 年均浓度也达到 24 μg/m³，其中北部地区的海口市、临高县、定安县和西部地区的儋州市、昌江县以及东部地区的琼海市为 $PM_{10}$ 浓度高值区；南部地区和中部地区 $PM_{10}$ 年均浓度较低，均为 20 μg/m³；三沙市 $PM_{10}$ 年均浓度为 22 μg/m³（图 2-1-17 和图 2-1-18）。

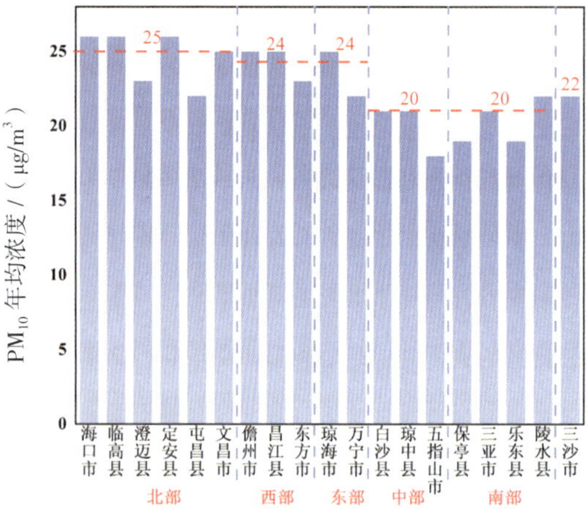


图 2-1-17　2022 年海南省各市县 $PM_{10}$ 年均浓度空间分布

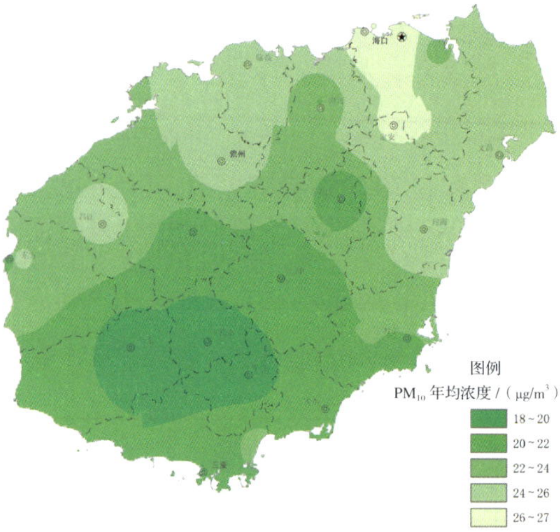


图 2-1-18　2022 年海南岛 $PM_{10}$ 年均浓度空间分布

海南省 19 个市县的 $O_3$ 第 90 百分位数浓度为 92 ～ 136 μg/m³。北部地区 $O_3$ 第 90 百分位数平均浓度偏高，达到 119 μg/m³；西部地区和东部地区 $O_3$ 第 90 百分位数平均浓度次之，分别为 118 μg/m³ 和 114 μg/m³，$O_3$ 第 90 百分位数浓度高值区主要集中在北部地区的海口市、临高县及西部地区的东方市；中部地区和南部地区的 $O_3$ 第 90 百分位数浓度较低，分别为 103 μg/m³ 和 106 μg/m³；三沙市 $O_3$ 第 90 百分位数浓度最低，为 92 μg/m³（图 2-1-19 和图 2-1-20）。

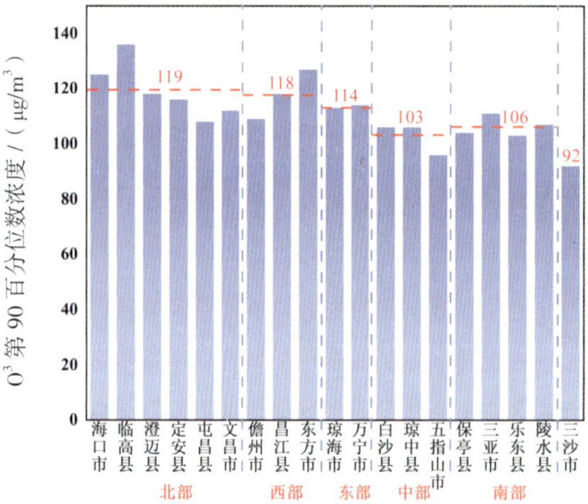


图 2-1-19　2022 年海南省各市县 $O_3$ 第 90 百分位数浓度空间分布

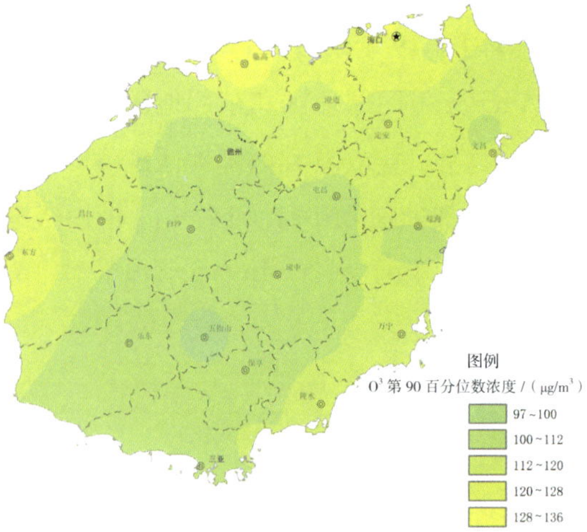


图 2-1-20　2022 年海南岛 $O_3$ 第 90 百分位数浓度空间分布

海南省 19 个市县的 $NO_2$ 年均浓度为 4 ～ 10 μg/m³。北部地区、西部地区和三沙市 $NO_2$ 年均浓度较高，均为 7 μg/m³，其中北部地区的海口市、澄迈县以及西部地区的儋州市为 $NO_2$ 浓度高值区；东部地区和南部地区 $NO_2$ 年均浓度均为 6 μg/m³，中部地区 $NO_2$ 年均浓度为 5 μg/m³（图 2-1-21 和图 2-1-22）。

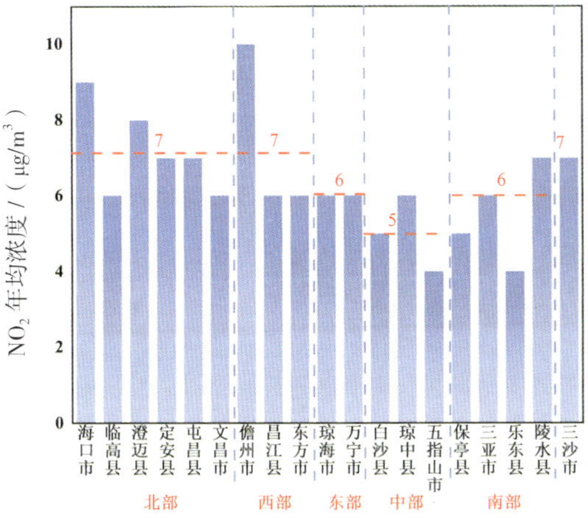


图 2-1-21　2022 年海南省各市县 $NO_2$ 年均浓度空间分布

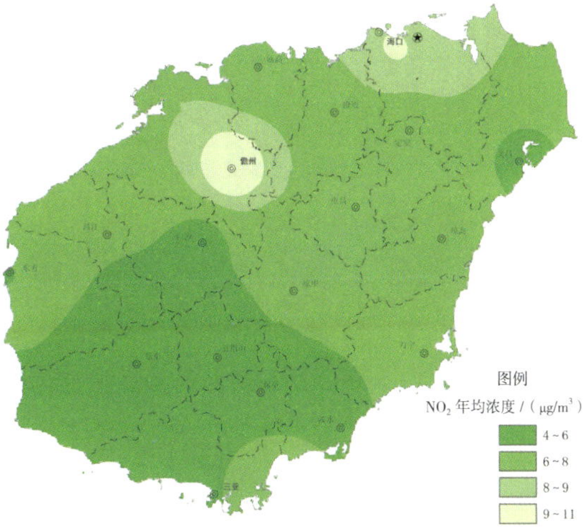


图 2-1-22　2022 年海南岛 $NO_2$ 年均浓度空间分布

海南省 19 个市县的 $SO_2$ 年均浓度为 2 ～ 6 μg/m³。西部地区 $SO_2$ 年均浓度较高，为 5 μg/m³，其中儋州市 $SO_2$ 浓度最高；北部地区、东部地区、中部地区和南部地区 $SO_2$ 年均浓度均为 4 μg/m³；三沙市 $SO_2$ 年均浓度最低，为 2 μg/m³（图 2-1-23 和图 2-1-24）。

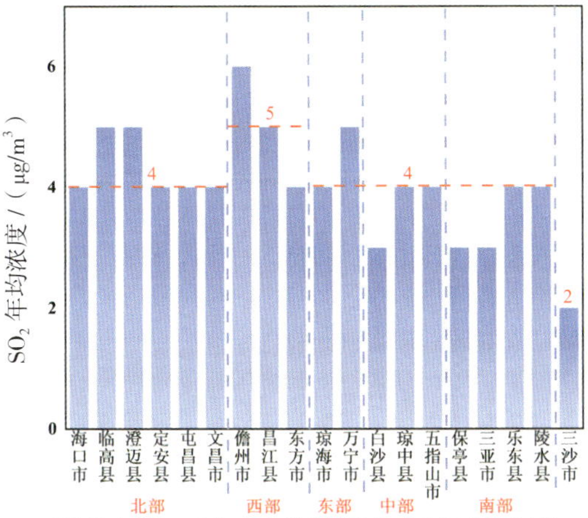


图 2-1-23　2022 年海南省各市县 $SO_2$ 年均浓度空间分布

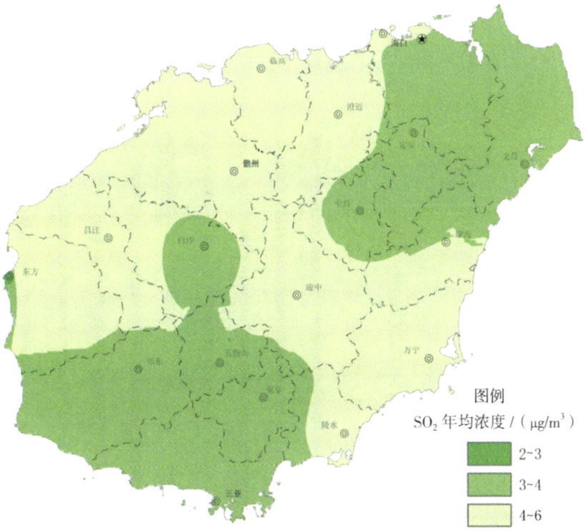


图 2-1-24　2022 年海南岛 $SO_2$ 年均浓度空间分布

海南省 19 个市县的 CO 第 95 百分位数浓度为 0.5 ～ 0.8 mg/m³，各区域均处于低浓度水平（图 2-1-25 和图 2-1-26）。

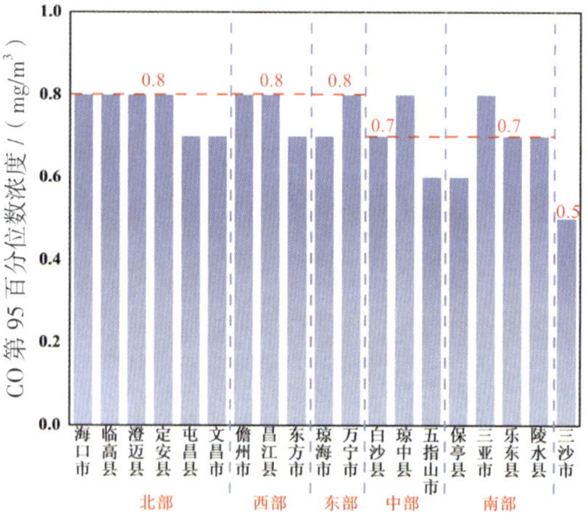


图 2-1-25　2022 年海南省各市县 CO 第 95 百分位数浓度空间分布

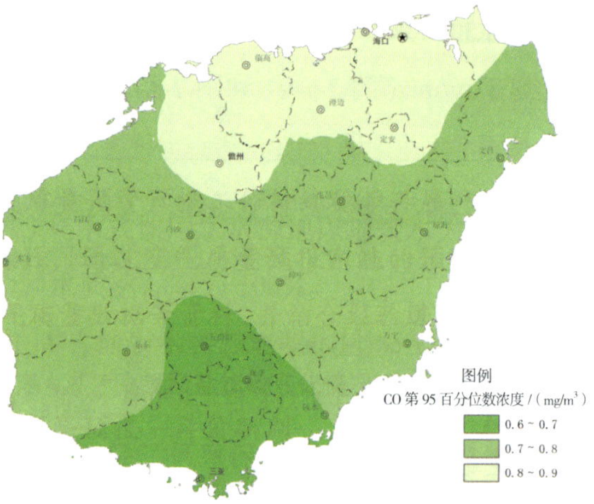


图 2-1-26　2022 年海南岛 CO 第 95 百分位数浓度空间分布

## 第三节　环境空气质量年度对比分析

### 一、优良天数比例年度对比分析

与 2021 年相比，2022 年海南省环境空气优良天数比例下降了 0.7 个百分点。19 个市县中，万宁市和屯昌县优良天数比例上升 0.3 个百分点，三亚市和五指山市优良天数比例持平，其余 15 个市县优良天数比例均有所下降，下降幅度为 0.3 ～ 2.0 个百分点（图 2-1-27）。

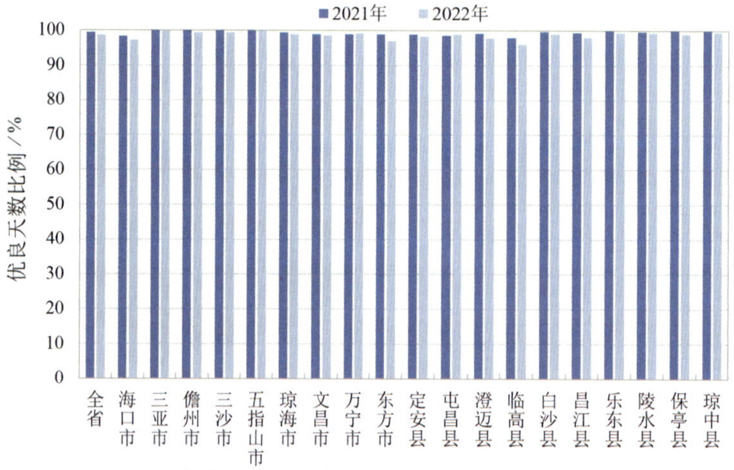


图 2-1-27　2022 年海南省及各市县环境空气优良天数比例同比变化情况

## 二、主要污染物浓度年度对比分析

### （一）$PM_{2.5}$

与 2021 年相比，2022 年海南省环境空气 $PM_{2.5}$ 年均浓度下降 1 μg/m$^3$。19 个市县 $PM_{2.5}$ 年均浓度均有所下降，下降幅度为 1 ～ 3 μg/m$^3$（图 2-1-28）。

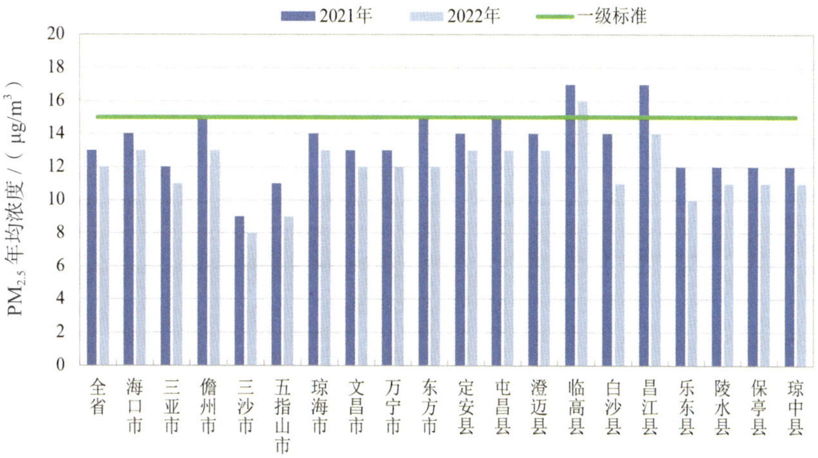


图 2-1-28 2022 年海南省及各市县 $PM_{2.5}$ 年均浓度同比变化情况

### （二）$PM_{10}$

与 2021 年相比，2022 年海南省环境空气 $PM_{10}$ 年均浓度下降 2 μg/m$^3$。19 个市县 $PM_{10}$ 年均浓度均有所下降，下降幅度为 1 ～ 5 μg/m$^3$（图 2-1-29）。

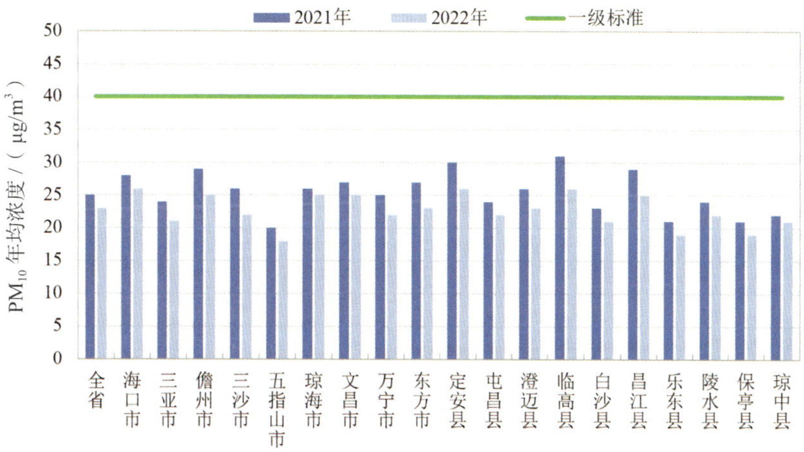


图 2-1-29 2022 年海南省及各市县 $PM_{10}$ 年均浓度同比变化情况

## （三）$O_3$

与 2021 年相比，2022 年海南省环境空气 $O_3$ 第 90 百分位数平均浓度上升 1 μg/m$^3$。19 个市县中，定安、保亭、三沙、五指山、白沙、屯昌、文昌、万宁 8 个市县 $O_3$ 第 90 百分位数浓度均有不同程度的下降，下降幅度为 1 ～ 10 μg/m$^3$；乐东县持平；其余市县 $O_3$ 第 90 百分位数浓度均有不同程度的上升，上升幅度为 1 ～ 10 μg/m$^3$（图 2-1-30）。

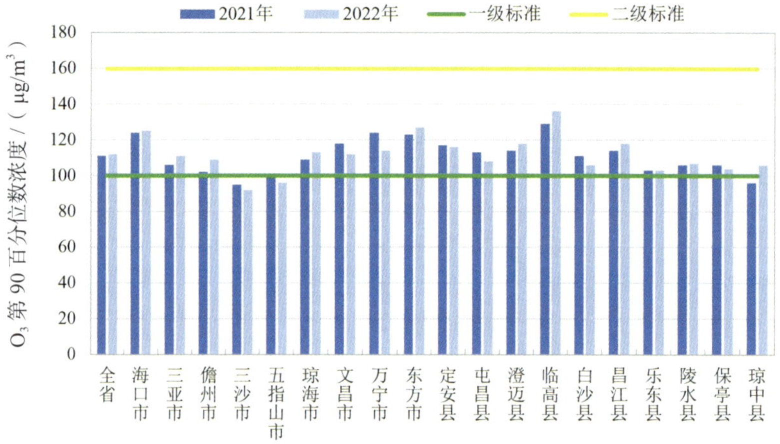


图 2-1-30　2022 年海南省及各市县 $O_3$ 第 90 百分位数浓度同比变化情况

## （四）$NO_2$

与 2021 年相比，2022 年海南省环境空气 $NO_2$ 年均浓度下降了 1 μg/m$^3$。19 个市县中，琼海市 $NO_2$ 年均浓度下降 3 μg/m$^3$，三亚、白沙、乐东、保亭、琼中 5 个市县 $NO_2$ 年均浓度下降 2 μg/m$^3$，其余市县 $NO_2$ 年均浓度下降幅度均在 ±1 μg/m$^3$ 范围内（图 2-1-31）。

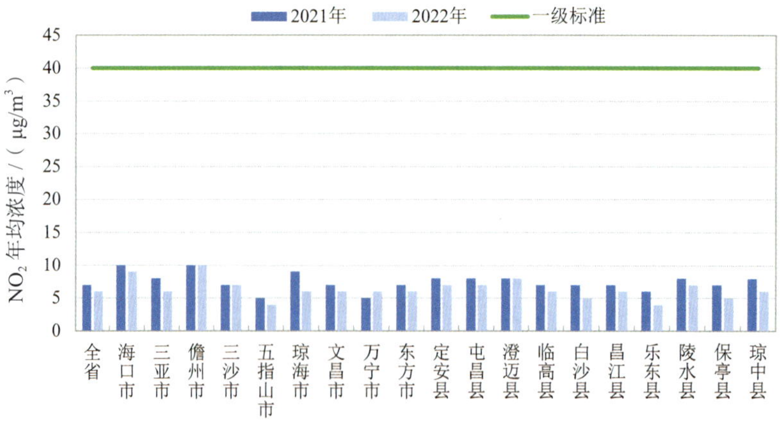


图 2-1-31　2022 年海南省及各市县 $NO_2$ 年均浓度同比变化情况

## （五）$SO_2$

与2021年相比，2022年海南省环境空气$SO_2$年均浓度下降了1 μg/m³。19个市县中，屯昌县和昌江县$SO_2$年均浓度下降了3 μg/m³，琼中县和东方市$SO_2$年均浓度下降了2 μg/m³，其余市县$SO_2$年均浓度下降幅度均在±1 μg/m³范围内（图2-1-32）。

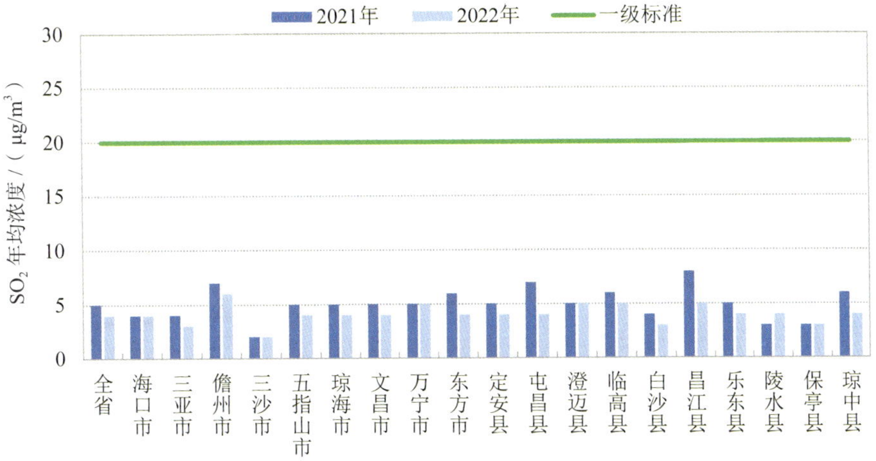


图2-1-32　2022年海南省及各市县$SO_2$年均浓度同比变化情况

## （六）CO

与2021年相比，2022年海南省环境空气CO第95百分位数平均浓度持平。19个市县中，五指山市CO第95百分位数浓度下降0.2 mg/m³，其余市县CO第95百分位数浓度下降幅度均在±0.1 mg/m³范围内（图2-1-33）。

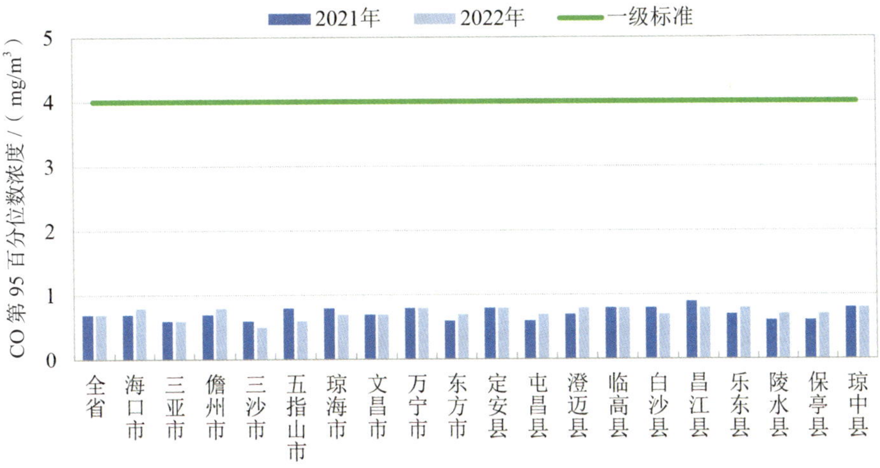


图2-1-33　2022年海南省及各市县CO第95百分位数平均浓度同比变化情况

## 三、综合指数年度对比分析

与 2021 年相比，2022 年海南省 19 个市县中，五指山、乐东、白沙、三亚、屯昌、琼海、东方、定安、昌江 9 个市县排名有不同程度的上升，文昌市和临高县排名持平，其余 8 个市县排名均有不同程度的下降。

# 第四节　环境空气质量年际（2016—2022 年）变化趋势分析

## 一、优良天数比例年际变化趋势分析

2016—2022 年，海南省环境空气优良天数比例为 97.5% ～ 99.8%，在高水平范围内波动变化，其中优级天数比例为 82.0% ～ 86.4%，呈波动上升趋势。秩相关系数法分析结果表明，全省环境空气优良天数比例无显著变化趋势。

与 2016 年相比，2022 年海南省环境空气优良天数比例下降了 1.1 个百分点（图 2-1-34）。

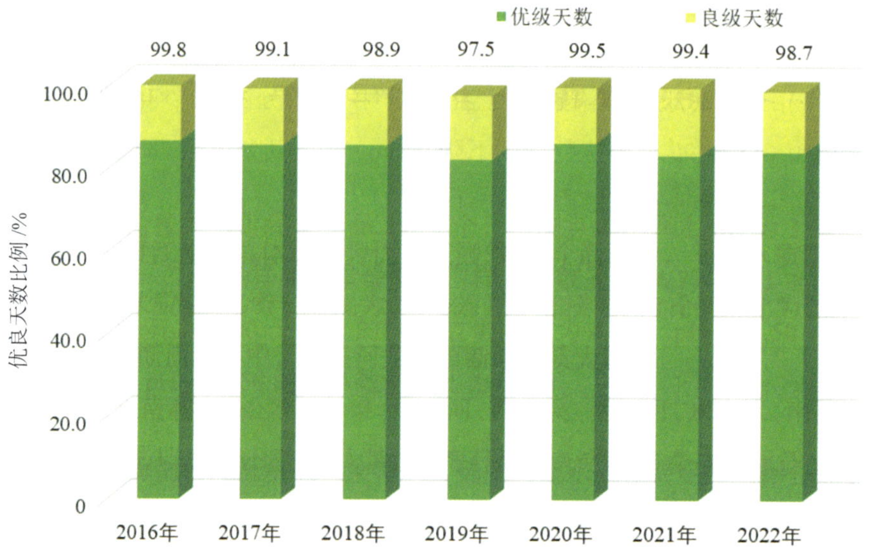


图 2-1-34　2016—2022 年海南省环境空气优良天数比例变化情况

2016—2022 年，海南省 18 个市县（不含三沙市）环境空气优良天数比例为 93.7% ～ 100%，整体呈下降趋势。五指山市优良天数比例保持在 100%；其余 17 个市县优良天数比例均在高水平范围内波动。秩相关系数法分析结果表明，昌江县优良天数比例下降趋势显著，其余 17 个市县优良天数比例均无显著变化趋势。

与 2016 年相比，2022 年儋州市和五指山市环境空气优良天数比例持平；三亚市优良天数比例上升了 0.3 个百分点；其余 15 个市县优良天数比例均有所下降，下降幅度为 0.2 ～ 3.7 个百分点，其中临高县下降幅度最大。

## 二、主要污染物浓度年际变化趋势分析

### （一）$PM_{2.5}$

2016—2022 年，海南省环境空气 $PM_{2.5}$ 年均浓度为 12 ～ 17 μg/m$^3$，呈下降趋势，均明显低于二级标准限值。其中 2020—2022 年 $PM_{2.5}$ 年均浓度达到一级标准，2022 年为 7 年中最低值。秩相关系数法分析结果表明，海南省环境空气 $PM_{2.5}$ 年均浓度下降趋势显著。

与 2016 年相比，2022 年海南省环境空气 $PM_{2.5}$ 年均浓度下降 5 μg/m$^3$，下降幅度为 29.4%（图 2-1-35）。

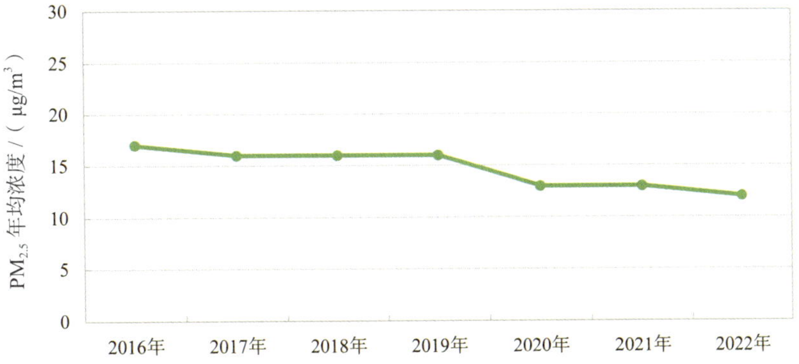


图 2-1-35　2016—2022 年海南省 $PM_{2.5}$ 年均浓度变化情况

2016—2022 年，海南省 18 个市县（不含三沙市）$PM_{2.5}$ 年均浓度为 9 ～ 23 μg/m$^3$，整体呈下降趋势。海南省 18 个市县（不含三沙市）$PM_{2.5}$ 年均浓度均明显低于二级标准限值，部分市县达到一级标准。秩相关系数法分析结果表明，海口、儋州、琼海、文昌、东方、定安、澄迈、临高、白沙、昌江、乐东、陵水、保亭、琼中 14 个市县 $PM_{2.5}$ 年均浓度下降趋势显著。

与 2016 年相比，2022 年海南省 18 个市县（不含三沙市）$PM_{2.5}$ 年均浓度均有所下降，下降幅度为 7.1% ～ 35.3%，其中白沙县 $PM_{2.5}$ 年均浓度下降幅度最大。

## （二）$PM_{10}$

2016—2022年，海南省环境空气$PM_{10}$年均浓度为23～29 μg/m³，呈波动下降趋势，均低于一级标准限值，2022年$PM_{10}$年均浓度为近7年最低。秩相关系数法分析结果表明，海南省环境空气$PM_{10}$年均浓度下降趋势显著。

与2016年相比，2022年海南省环境空气$PM_{10}$年均浓度下降6 μg/m³，下降幅度为20.7%（图2-1-36）。

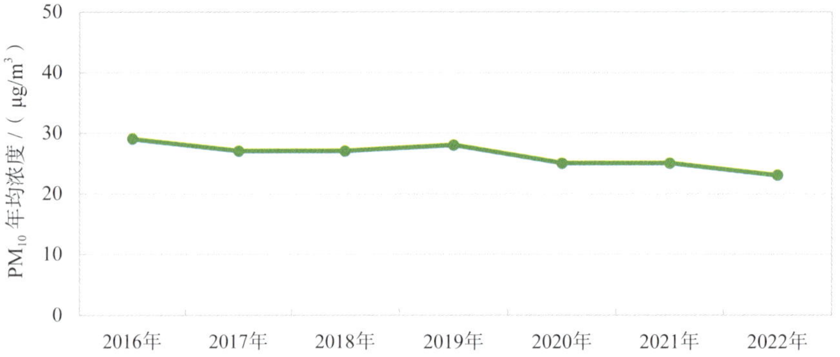


图2-1-36　2016—2022年海南省$PM_{10}$年均浓度变化情况

2016—2022年，海南省18个市县（不含三沙市）$PM_{10}$年均浓度为17～40 μg/m³，整体呈下降趋势，海南省18个市县（不含三沙市）$PM_{10}$年均浓度均达到一级标准。秩相关系数法分析结果表明，海口、五指山、琼海、东方、屯昌、澄迈、乐东、陵水、保亭、琼中10个市县$PM_{10}$年均浓度下降趋势显著。

与2016年相比，2022年海南省18个市县（不含三沙市）$PM_{10}$年均浓度均有所下降，下降幅度为10.7%～28.6%，其中琼海市$PM_{10}$年均浓度下降幅度最大。

## （三）$O_3$

2016—2022年，海南省环境空气$O_3$第90百分位数平均浓度为96～118 μg/m³，呈波动上升趋势，均明显低于二级标准限值，其中2016—2018年达到一级标准。秩相关系数法分析结果表明，海南省环境空气$O_3$第90百分位数平均浓度上升趋势显著。

与2016年相比，2022年海南省环境空气$O_3$第90百分位数平均浓度上升16 μg/m³，上升幅度为16.7%（图2-1-37）。

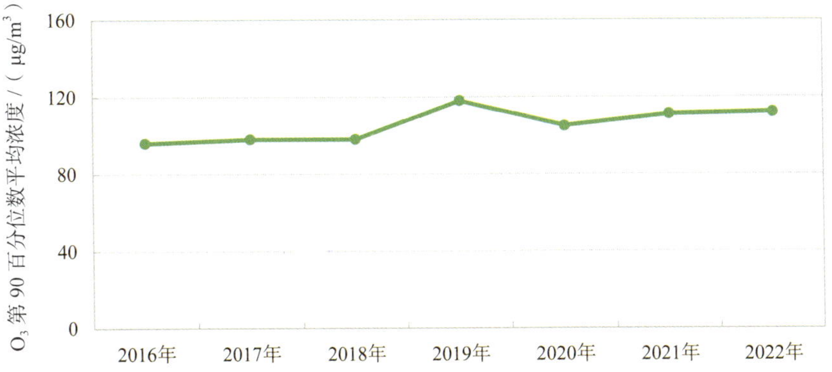


图 2-1-37　2016—2022 年海南省 $O_3$ 第 90 百分位数平均浓度变化情况

2016—2022 年，海南省 18 个市县（不含三沙市）$O_3$ 第 90 百分位数浓度为 73～144 μg/m³，整体呈波动上升趋势。海南省 18 个市县（不含三沙市）$O_3$ 第 90 百分位数浓度均明显低于二级标准限值，部分市县达到一级标准。秩相关系数法分析结果表明，海口、五指山、临高、白沙、昌江 5 个市县 $O_3$ 第 90 百分位数浓度上升趋势显著。

与 2016 年相比，2022 年东方市 $O_3$ 第 90 百分位数浓度持平；屯昌县 $O_3$ 第 90 百分位数浓度有所下降，下降幅度为 1.8%；其余 16 个市县 $O_3$ 第 90 百分位数浓度均有所上升，上升幅度为 0.9% ～ 43.9%，其中澄迈县 $O_3$ 第 90 百分位数浓度上升幅度最大。

## （四）$NO_2$

2016—2022 年，海南省环境空气 $NO_2$ 年均浓度为 6 ～ 8 μg/m³，呈下降趋势，均达到一级标准，2022 年 $NO_2$ 年均浓度为近 7 年最低值。秩相关系数法分析结果表明，海南省环境空气 $NO_2$ 年均浓度下降趋势显著。

与 2016 年相比，2022 年海南省环境空气 $NO_2$ 年均浓度下降 2 μg/m³，下降幅度为 25.0%（图 2-1-38）。

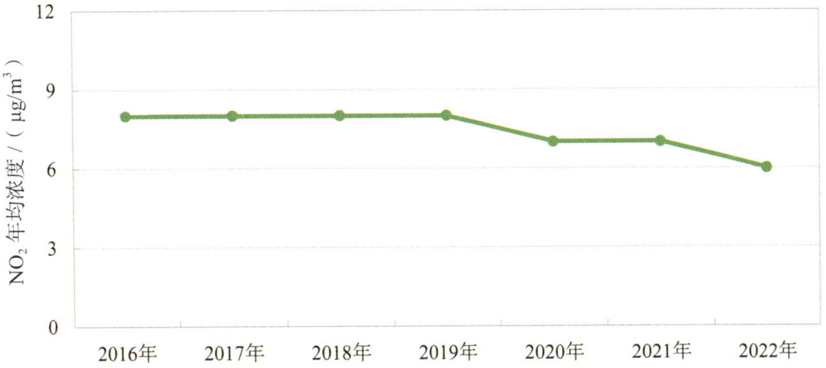


图 2-1-38　2016—2022 年海南省 $NO_2$ 年均浓度变化情况

2016—2022 年，海南省 18 个市县（不含三沙市）$NO_2$ 年均浓度为 2 ～ 18 μg/m$^3$，整体呈低浓度下降趋势，海南省 18 个市县（不含三沙市）$NO_2$ 年均浓度均达到一级标准。秩相关系数法分析结果表明，海口、三亚、琼海、屯昌、昌江、琼中 6 个市县 $NO_2$ 年均浓度下降趋势显著。

与 2016 年相比，2022 年五指山、澄迈、白沙、陵水 4 个市县 $NO_2$ 年均浓度持平；万宁市 $NO_2$ 年均浓度有所上升，上升幅度为 20.0%；其余 13 个市县 $NO_2$ 年均浓度均有所下降，下降幅度为 9.1% ～ 45.5%，其中三亚、琼海、琼中 3 个市县 $NO_2$ 年均浓度下降幅度最大。

## （五）$SO_2$

2016—2022 年，海南省环境空气 $SO_2$ 年均浓度为 4 ～ 5 μg/m$^3$，整体呈低浓度波动变化趋势，均达到一级标准。秩相关系数法分析结果表明，海南省环境空气 $SO_2$ 年均浓度无显著变化。

与 2016 年相比，2022 年海南省环境空气 $SO_2$ 年均浓度持平（图 2-1-39）。

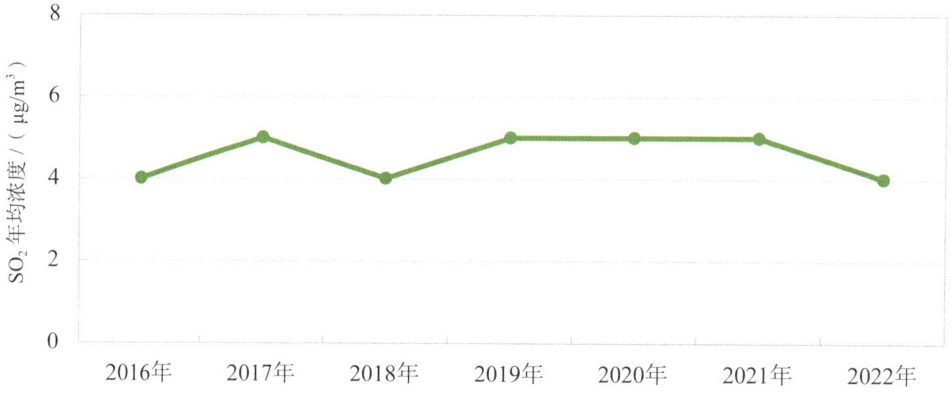


图 2-1-39　2016—2022 年海南省 $SO_2$ 年均浓度变化情况

2016—2022 年，海南省 18 个市县（不含三沙市）$SO_2$ 年均浓度为 2 ～ 10 μg/m$^3$，整体呈低浓度波动趋势，海南省 18 个市县（不含三沙市）$SO_2$ 年均浓度均达到一级标准。秩相关系数法分析结果表明，临高县 $SO_2$ 年均浓度上升趋势显著，海口、万宁、东方、澄迈 4 个市县 $SO_2$ 年均浓度下降趋势显著。

与 2016 年相比，2022 年三亚、儋州、琼海、定安、白沙、琼中 6 个市县 $SO_2$ 年均浓度持平；五指山、文昌、临高、乐东、陵水、保亭 6 个市县 $SO_2$ 年均浓度均有所上升，上升幅度为 25.0% ～ 100%，其中五指山市上升幅度最大；其余 6 个市县 $SO_2$ 年均浓度均有所下降，下降幅度为 16.7% ～ 50.0%，其中东方市 $SO_2$ 年均浓度下降幅度最大。

### （六）CO

2016—2022 年，海南省环境空气 CO 第 95 百分位数平均浓度为 0.7 ～ 1.0 mg/m$^3$，整体呈下降趋势，均达到一级标准，2021 年、2022 年 CO 第 95 百分位数平均浓度值为 7 年中最低值。秩相关系数法分析结果表明，海南省环境空气 CO 第 95 百分位数平均浓度下降趋势显著。

与 2016 年相比，2022 年海南省环境空气 CO 第 95 百分位数平均浓度下降了 0.3 mg/m$^3$，下降幅度为 30.0%（图 2-1-40）。

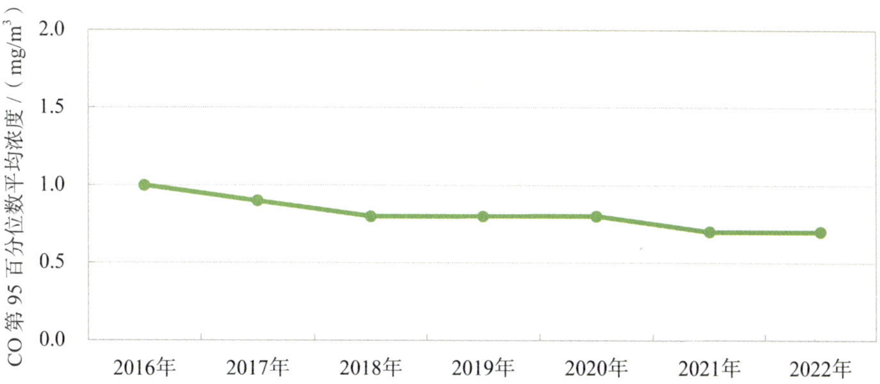


图 2-1-40　2016—2022 年海南省 CO 第 95 百分位数平均浓度变化情况

2016—2022 年，海南省 18 个市县（不含三沙市）CO 第 95 百分位数浓度为 0.6 ～ 1.4 mg/m$^3$，整体呈低浓度下降趋势，海南省 18 个市县（不含三沙市）CO 第 95 百分位数浓度均达到一级标准。秩相关系数法分析结果表明，三亚、琼海、文昌、万宁、定安、澄迈、白沙、乐东、陵水、保亭 10 个市县下降趋势显著。

与 2016 年相比，2022 年海口、儋州、屯昌、昌江 4 个市县 CO 第 95 百分位数浓度持平；其余 14 个市县 CO 第 95 百分位数浓度均有所下降，下降幅度为 12.5% ～ 42.9%，其中临高县和澄迈县 CO 第 95 百分位数浓度下降幅度最大。

## 三、空气质量综合指数年际变化趋势分析

2016—2022 年，海南省空气质量综合指数为 1.764 ～ 2.078，整体呈波动下降趋势，秩相关系数法分析结果表明，海南省空气质量综合指数下降趋势显著。

与 2016 年相比，2022 年海南省空气质量综合指数下降了 0.253（图 2-1-41）。

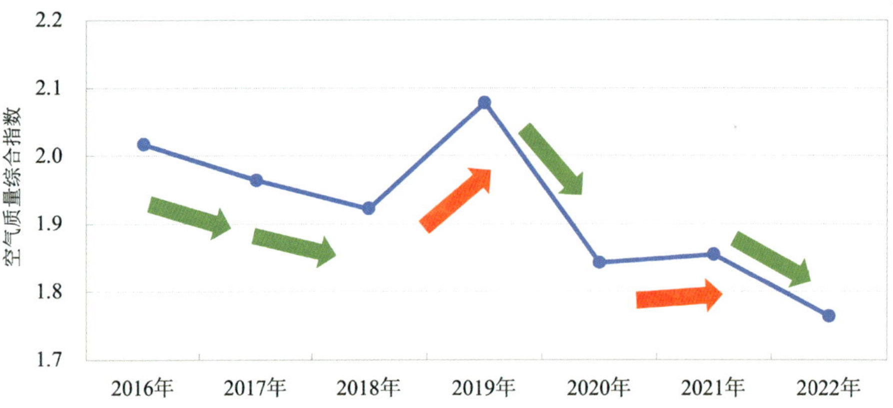


图 2-1-41　2016—2022 年海南省空气质量综合指数变化情况

2016—2022 年，海南省 18 个市县（不含三沙市）空气质量综合指数为 1.431 ～ 2.476，整体呈波动下降趋势。秩相关系数法分析结果表明，海口、琼海、东方、屯昌、澄迈、琼中 6 个市县空气质量综合指数下降趋势显著。

与 2016 年相比，2022 年海南省 18 个市县（不含三沙市）空气质量综合指数均有所下降，下降幅度为 0.057 ～ 0.423，其中东方市空气质量综合指数下降幅度最大。

## 四、污染特征年际变化趋势分析

### （一）超标污染物

2016—2022 年，海南省每年出现 15 ～ 159 d 超标天，超标污染物为 $O_3$ 和 $PM_{2.5}$，其中超标污染物为 $O_3$ 的天数比例为 66.7% ～ 100%，呈波动上升趋势；超标污染物为 $PM_{2.5}$ 的天数比例为 0 ～ 33.3%，呈波动下降趋势。

与 2016 年相比，2022 年海南省环境空气超标天数增加 73 d。超标污染物为 $O_3$ 的天数比例上升至 100%，超标污染物为 $PM_{2.5}$ 的天数比例下降至 0.0（图 2-1-42）。

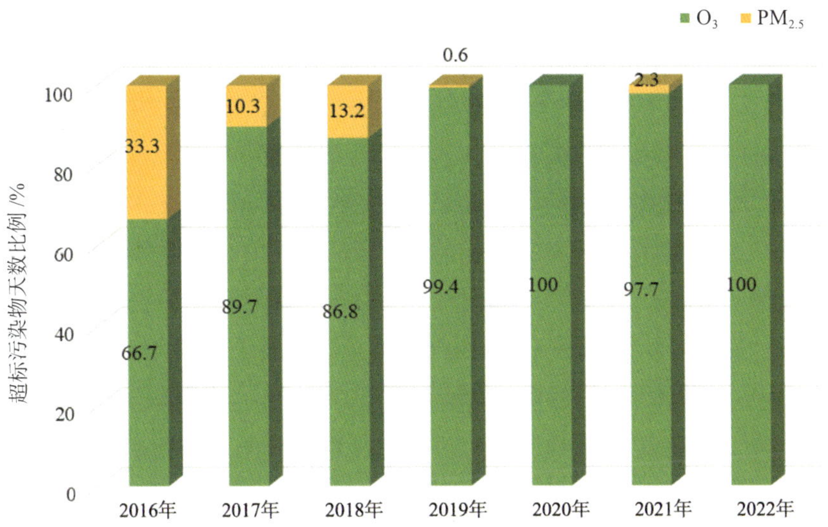


图 2-1-42 2016—2022 年海南省环境空气超标污染物天数比例变化情况

2016—2022 年，海南省 19 个市县每年出现 0 ～ 23 d 超标天，超标污染物为 $O_3$ 和 $PM_{2.5}$，其中五指山市未出现超标天；三亚、三沙、定安、屯昌、澄迈、白沙、琼中 7 个市县超标污染物均为 $O_3$，超标天数为 1 ～ 18 d；其余 11 个市县均出现 $O_3$ 和 $PM_{2.5}$ 超标情况，$O_3$ 超标天数为 1 ～ 23 d，$PM_{2.5}$ 超标天数为 1 ～ 3 d。

与 2016 年相比，2022 年海南省各市县（不含三沙市）超标污染物为 $O_3$ 的天数上升了 1 ～ 14 d；海南省各市县超标污染物为 $PM_{2.5}$ 的天数均持平或有所下降。

### （二）首要污染物

2016—2022 年，海南省环境空气出现 874 ～ 1 125 d 良级天，首要污染物为 $O_3$、$PM_{2.5}$ 和 $PM_{10}$，其中首要污染物为 $O_3$ 的天数比例为 53.5% ～ 96.1%，呈波动上升趋势；首要污染物为 $PM_{2.5}$ 的天数比例为 2.7% ～ 29.4%，呈波动下降趋势；首要污染物为 $PM_{10}$ 的天数比例为 1.2% ～ 19.4%，呈波动下降趋势；部分时段出现 2 种及 2 种以上的首要污染物。

与 2016 年相比，2022 年海南省环境空气良级天数增加了 127 d；首要污染物为 $O_3$ 的天数比例上升了 42.6 个百分点，首要污染物为 $PM_{2.5}$ 的天数比例下降 26.7 个百分点，首要污染物为 $PM_{10}$ 的天数比例下降了 18.2 个百分点（图 2-1-43）。

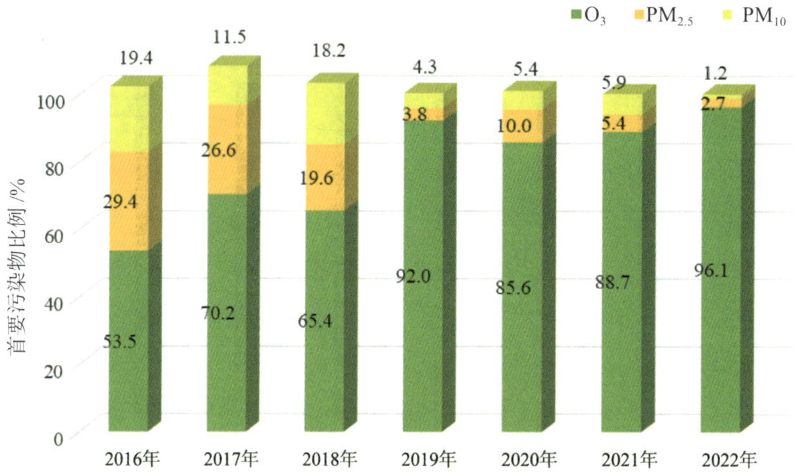


图 2-1-43　2016—2022 年海南省环境空气首要污染物比例变化情况

2016—2022 年，海南省 19 个市县每年出现 8 ～ 136 d 良级天，首要污染物为 $O_3$、$PM_{2.5}$ 或 $PM_{10}$，其中首要污染物为 $O_3$ 的天数为 2 ～ 117 d，首要污染物为 $PM_{2.5}$ 的天数为 1 ～ 59 d，首要污染物为 $PM_{10}$ 的天数为 1 ～ 56 d。

与 2016 年相比，2022 年海南省 18 个市县（不含三沙市）中，海口、三亚、五指山、琼海、文昌、万宁、定安、澄迈、临高、白沙、昌江、乐东、陵水、保亭、琼中 15 个市县首要污染物为 $O_3$ 的天数均有所上升，其余 3 个市县均有所下降；海南省各市县首要污染物为 $PM_{2.5}$ 的天数均持平或有所下降；海南省各市县首要污染物为 $PM_{10}$ 的天数也均持平或有所下降。

# 第五节　变化原因分析

## 一、独特的地理位置优势为良好的环境空气质量打下基础

海南省陆域主体海南岛，地处信风带和季风区，四面环海，属热带季风气候，雨量充沛，年降水量为 1 000 ～ 2 600 mm，有明显的多雨季和少雨季；常风较大，尤其是西南部和东北部海域，年平均风速超过 8 m/s，加之空气对流、乱流运动较强等特点，有利于污染物质的稀释扩散。得天独厚的热带岛屿季风气候，加之相对较小的排污总量，使海南省环境空气质量长期优良，优良天数比例维持在较高水平。$SO_2$、$NO_2$、CO 三项指标已明

显优于世界卫生组织准则值，$PM_{2.5}$ 和 $PM_{10}$ 浓度也达到了大部分国家标准要求。

## 二、$O_3$ 是制约海南省环境空气质量优良天数比例上升的关键因素，季节变化较为明显

2022 年，海南省环境空气的超标污染物为 $O_3$，是制约海南省环境空气质量优良天数比例上升的关键因素。秋冬季节，海南省气温相对较高，降水减少、日照强、逆温现象增多，扩散条件总体不利，因此 $O_3$ 容易生成，且主导风向由夏季的偏南风转为东北风，易受下沉气流及弱冷空气带来的区域污染传输的共同影响。

## 三、一系列大气污染精准防控措施取得良好成效，六项污染物中有四项浓度进一步下降

2022 年，海南省持续开展大气污染防治高质量发展工作，同时持续开展大气污染防治全链条响应制度，进一步完善大气防治“监测与问题发现—预警预报—评价研判—工作响应”全链条响应工作制度，有效提升各市县大气污染防治的工作效率和精细化治理水平，在气象条件相对中等偏差的水平下，通过人为努力改善环境空气质量。

一是颗粒物在低浓度水平下继续下降，$PM_{2.5}$ 浓度下降了 1 μg/m$^3$，$PM_{10}$ 浓度下降了 2 μg/m$^3$。$PM_{2.5}$ 组分解析分析和模型模拟结果显示，$PM_{2.5}$ 组分中的地壳元素下降了 11.2%，工地扬尘管控、农村裸地覆绿、主要道路洒水等扬尘管控成效明显；$PM_{2.5}$ 中钾离子含量显著下降，“六个严禁、两个推进”工作强化有效，年初“严控烟花爆竹燃放”取得开门红，秸秆焚烧火点数从年初的每周上千例下降到每周几例。

二是 $NO_2$ 在极低的个位数浓度水平基础上进一步下降了 1 μg/m$^3$。$NO_2$ 主要来自移动源排放，$PM_{2.5}$ 组分分析中与机动车有关的有机碳和硝酸盐含量也分别下降了 30.9% 和 12.6%。这说明新能源汽车推广、老旧柴油车淘汰、非道路移动机械达标监管等工作取得了成效。

三是 $SO_2$ 在极低的个位数浓度水平基础上进一步下降了 1 μg/m$^3$。$SO_2$ 是燃煤排放的重要污染物，海南省煤炭消费主要为火电、建材等行业，工业企业较多的西部地区市县 $PM_{2.5}$ 也改善显著，这与开展水泥企业污染防治技术升级改造、西部市县加强砖瓦企业达标监管等措施有关。

# 第六节　小结

## 一、海南省环境空气质量总体优良

2022 年，海南省环境空气优良天数比例为 98.7%。$SO_2$、$NO_2$、$PM_{10}$、$PM_{2.5}$ 年均浓度及 CO 第 95 百分位数平均浓度均达到一级标准；$O_3$ 第 90 百分位数平均浓度达到二级标准，接近一级标准。海南省 19 个市县环境空气质量均明显优于二级标准，其中三沙市和五指山市达到一级标准。

## 二、海南省环境空气质量优中有升

2016—2022 年，海南省环境空气优良天数比例保持在 98% 左右，2022 年海南省环境空气质量明显改善。

从优级天数比例来看，2022 年海南省环境空气优良天数比例为 98.7%，其中优级天数比例为 84.0%，同比上升 0.9 个百分点，连续 7 年达到 80% 及以上。优级天数比例达到 80% 的市县有 16 个，同比增加 3 个，创实施监测以来历史新高。其中五指山市和三沙市优级天数比例达到 90% 及以上。

从主要污染物浓度来看，6 项主要污染物中，$SO_2$、$NO_2$、$PM_{2.5}$、$PM_{10}$、CO 5 项指标达到有监测数据以来历史最好水平，$SO_2$、$NO_2$、$PM_{2.5}$、$PM_{10}$ 4 项指标在低浓度水平下进一步下降。

从空间分布来看，环境空气质量呈现明显的南北分界特征，中部和南部地区要好于北部地区，其中五指山市、三沙市率先实现了 $PM_{2.5}$ 年均浓度达到个位数的目标。

## 三、$O_3$ 是影响海南省环境空气质量的主要污染物

2016—2022 年，海南省超标天中首要污染物为 $O_3$ 的天数比例呈波动上升趋势。与 2016 年相比，2022 年超标污染物为 $O_3$ 的天数比例上升了 33.3 个百分点，主要集中在秋、冬季节（10—12 月）。

## 四、海南省环境空气主要污染物具有显著的时间变化特征

从日变化看，$PM_{2.5}$ 和 $PM_{10}$ 的日内 1 h 平均浓度变化分别为 11 ～ 13 μg/m$^3$ 和 21 ～ 25 μg/m$^3$，均呈现双峰形分布，变化趋势基本一致；$O_3$ 日内 1 h 平均浓度变化为 40 ～ 70 μg/m$^3$，呈显著的单峰形变化特征，早上最低，下午最高；$NO_2$ 日内 1 h 平均浓度变化也呈单峰形变化特征，早上最高，下午最低，与 $O_3$ 呈此消彼长趋势；$SO_2$ 和 CO 日内 1 h 平均浓度变化均在低浓度范围内波动。从月变化看，5—8 月 $PM_{2.5}$、$PM_{10}$ 及 $O_3$ 月均浓度明显低于其余月份，$SO_2$、$NO_2$ 和 CO 月均浓度均在低浓度范围内波动。

## 五、海南省环境空气质量存在一定的区域性差异

海南岛西部、北部地区主要污染物 $PM_{2.5}$、$O_3$、$PM_{10}$ 浓度相对较高，东部地区次之，南部、中部地区总体保持较低水平；海南岛西部地区 $SO_2$ 和 $NO_2$ 浓度较高，其余地区保持较低水平；CO 浓度处于较低浓度水平，海南省范围内差异不大。

# 专栏 1

## 环境空气质量预警预报全力支撑大气污染防治工作

2022 年，海南省环境空气质量预警预报工作持续稳步开展，技术人员严格按照空气质量预报工作流程，通过空气质量预报系统的预报结果、天气形式、全国及海南省实时空气质量数据等资料，并结合经验进行人工订正，得出最终预报结果。

根据“监测与问题发现—预警预报—评价研判—工作响应”全链条响应工作制度，海南省生态环境监测中心配合海南省生态环境厅开展海南省空气质量预警预报工作，充分发挥环境监测预警预报在大气污染防治工作中的支撑作用，提升各市县大气污染防治的工作效率和精细化治理水平。同时根据国家及海南省生态环境厅要求，海南省每日编制海南省未来 7 d 空气质量预报信息与污染级别表上报至中国环境监测总站及华南区域预报中心；并将每日的预报结果通过海南省生态环境厅官网、手机 App、广告机等多渠道向公众发布，保障公众的出行健康。

2022 年评估结果显示，区域未来 24 h、48 h、72 h 级别预报年度准确率均在 90% 及以上。区域未来 24 h、48 h、72 h 级别预报每月准确率均在 75% 及以上，其中 6 月未来 24 h、48 h、72 h 准确率均达到 100%；海南省区域未来 24 h 级别预报每月准确率为 84.0% ～ 100%，48 h 级别预报每月准确率为 85.0% ～ 100%，72 h 级别预报每月准确率为 78.0% ～ 100%。

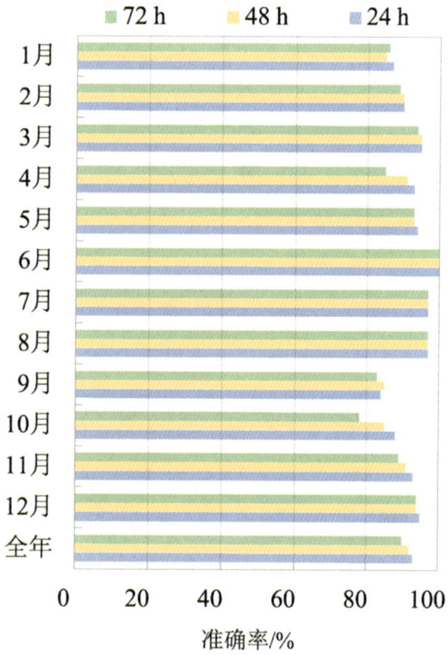

2022 年海南省环境空气区域级别预报准确率

## 专栏 2

### 精准预报、准确发布，保障博鳌亚洲论坛期间环境空气质量

2022年博鳌亚洲论坛会议于4月20日至22日在海南省琼海市博鳌亚洲论坛永久会址召开，国内外重要来宾齐聚海南。为确保会议期间环境空气质量优良，在海南省生态环境厅领导下，海南省生态环境监测中心及时制定《2022年博鳌亚洲论坛会议期间环境空气质量保障监测预警预报方案》，并派专人前往博鳌环境空气自动监测站进行驻守，确保环境空气质量保障工作顺利开展，向国内外重要来宾展示海南良好的环境空气质量。

精准预报。由海南省生态环境厅牵头，海南省生态环境监测中心组织并邀请了国家大气污染防治攻关联合中心、中国环境监测总站预测预报中心、华南区域空气质量预测预报中心、海南省环境科学研究院、海南省气象科学研究所等单位的多名专家联合开展了6天的环境空气质量保障视频会商工作，以确保预报结果的准确、科学。

准确发布。海南省生态环境厅在博鳌亚洲论坛主会场入口、参会宾客入住的酒店大堂处均放置了多媒体机，连续滚动对外发布海南省及博鳌镇实时的环境空气质量信息；海南省生态环境监测中心派专人前往博鳌环境空气自动监测站进行驻守，在会前对博鳌环境空气自动监测站监测设备进行检查、校准，并时刻关注仪器设备运行状况，保证设备出现故障后能第一时间进行维护维修，确保发布数据的真实、准确。

博鳌亚洲论坛会议期间视频会商及投放的环境空气质量信息

## 专栏 3

### 重点区域空气质量优良

2022 年，海南省重点工业园区、旅游度假区环境空气质量总体优良，均符合二级标准，其中东寨港、七仙岭、呀诺达、兴隆热带植物园等 4 个重点旅游度假区空气质量达到一级标准；8 个主要森林旅游区空气负氧离子水平优于世界卫生组织（WHO）规定的标准（清新空气负氧离子浓度为 1 000 ～ 1 500 个 / $cm^3$），对人体健康有利。

4 个工业园区优良天数比例为 96.7% ～ 99.7%，其中优级天数比例为 73.1% ～ 80.8%，良级天数比例为 18.6% ～ 25.2%；轻度污染天数比例为 0.3% ～ 3.3%。主要污染物 $PM_{2.5}$ 浓度为 14 ～ 16 $\mu g/m^3$，洋浦经济开发区、东方工业园区和昌江循环经济园区均达到一级标准，老城经济开发区符合二级标准；$O_3$ 浓度为 106 ～ 123 $\mu g/m^3$，均符合二级标准；$PM_{10}$ 浓度为 27 ～ 35 $\mu g/m^3$，$SO_2$ 浓度为 4 ～ 6 $\mu g/m^3$，$NO_2$ 浓度为 4 ～ 11 $\mu g/m^3$，CO 浓度为 0.8 ～ 1.1 $mg/m^3$，均达到一级标准。

17 个重点旅游度假区优良天数比例为 91.6% ～ 100%，其中优级天数比例为 64.5% ～ 91.9%，良级天数比例为 7.8% ～ 31.1%；轻度污染天数比例为 0 ～ 7.5%，中度污染天数比例为 0 ～ 0.9%。主要污染物 $PM_{2.5}$ 浓度为 8 ～ 16 $\mu g/m^3$，棋子湾符合二级标准，其余均达到一级标准；$O_3$ 浓度为 90 ～ 135 $\mu g/m^3$，东寨港、七仙岭、呀诺达、兴隆热带植物园 4 个重点旅游度假区均达到一级标准，其余均符合二级标准；$PM_{10}$ 浓度为 11 ～ 33 $\mu g/m^3$，$SO_2$ 浓度为 3 ～ 9 $\mu g/m^3$，$NO_2$ 浓度为 2 ～ 12 $\mu g/m^3$，CO 浓度为 0.6 ～ 1.2 $mg/m^3$，均达到一级标准。

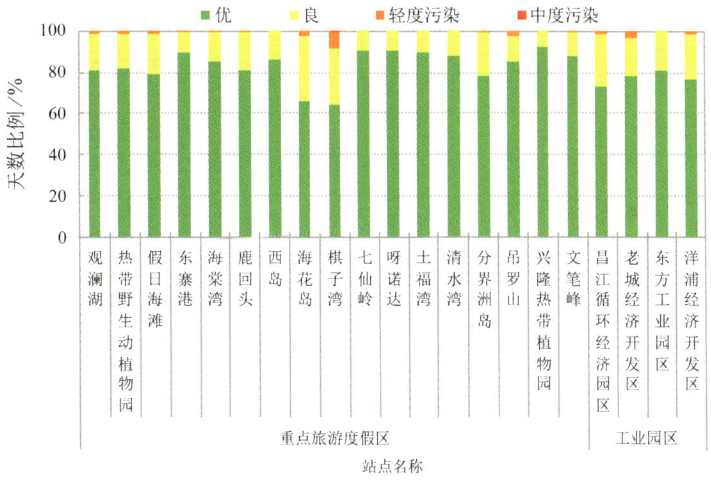


2022 年海南省重点旅游度假区环境空气各级天数比例

霸王岭国家森林公园、尖峰岭国家森林公园、五指山国家级自然保护区、七仙岭温泉国家森林公园、铜鼓岭国家级自然保护区、亚龙湾热带天堂公园、吊罗山国家森林公园、呀诺达雨林文化旅游区 8 个主要森林旅游区空气负离子平均浓度分别为 4 232 个 /cm$^3$、4 097 个 /cm$^3$、3 439 个 /cm$^3$、3 397 个 /cm$^3$、2 817 个 /cm$^3$、1 945 个 /cm$^3$、3 616 个 /cm$^3$、4 639 个 /cm$^3$，优于 WHO 规定的清新空气负氧离子浓度为 1 000 ～ 1 500 个 /cm$^3$ 的标准，对人体健康有利。

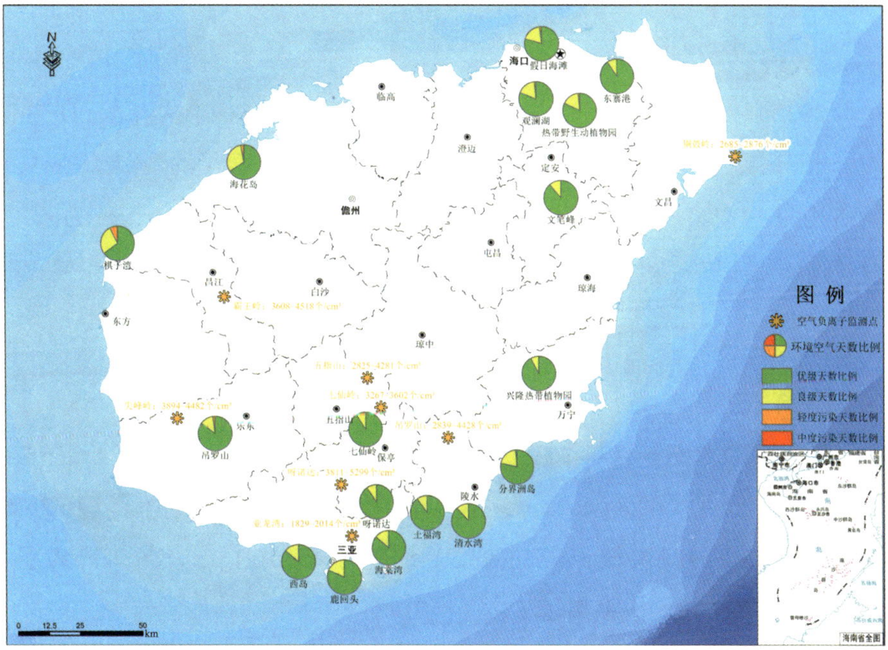


2022 年海南省重点旅游景区环境质量

# 第二章　降水

2022 年，海南省降水 pH 年均值为 5.94，酸雨发生频率为 6.2%，酸雨 pH 年均值为 5.07。与 2021 年相比，2022 年海南省降水 pH 年均值上升 0.01，酸雨发生频率下降 0.2 个百分点，酸雨 pH 年均值下降 0.01。

## 第一节　降水质量现状

### 一、降水

#### （一）降水 pH 年均值

2022 年，海南省降水 pH 年均值为 5.94，各市县降水 pH 年均值为 5.59 ～ 7.17，海口市降水 pH 年均值为 5.59，其余市县降水 pH 年均值均为 5.60 ≤ pH ＜ 7.20。

#### （二）pH 分布

2022 年，海南省共采集降水样品 2 064 个，各测点单次降水 pH 为 3.99 ～ 8.94。单次降水 pH 为 5.60 ～ 7.00 的样品数量最多，占样品总数量的 76.7%；pH ≥ 7.00 的样品数量占比为 17.1%；pH 为 5.00 ～ 5.60 的样品数量占比为 4.3%；pH 为 4.50 ～ 5.00 的样品数量占比为 1.3%；pH ＜ 4.50 的样品数量占比为 0.6%。

#### （三）降水化学组分分析

##### 1. 降水当量浓度

7 个市降水离子当量浓度年均值总和为 144.02 μeq/L，各离子组分当量浓度由高到低依次为氯离子（42.8 μeq/L）＞钠离子（37.8 μeq/L）＞铵离子（16.2 μeq/L）＞硫酸根（13.7 μeq/L）＞硝酸根（10.6 μeq/L）＞镁离子（10.1 μeq/L）＞钙离子（9.4 μeq/L）＞钾离子（1.9 μeq/L）＞氟离子（1.6 μeq/L）。

各离子中，硫酸根 / 硝酸根当量浓度比值为 1.29，（硫酸根 + 硝酸根）/ 阴离子当量浓度比值为 0.35，氯离子 / 阴离子当量浓度比值为 0.62，降水主要表现为硫硝混合型，同时呈现海洋性酸性降水特征。

2. 降水化学组分占比

7 个市降水中的主要阳离子为钠离子、铵离子、镁离子、钙离子，分别占离子总当量的 26.0%、11.1%、7.0%、6.5%；主要阴离子为氯离子、硫酸根、硝酸根，分别占离子总当量的 29.5%、9.4%、7.3%。钠离子、氯离子、硝酸根和硫酸根当量浓度占离子当量浓度的 72.2%，为降水化学成分的主要离子。

## 二、酸雨

2022 年，海南省酸雨发生频率为 6.2%，酸雨 pH 年均值为 5.07。酸雨高发时段主要集中在 1 月、2 月和 12 月。

19 个市县中，海口、三沙、屯昌、陵水、东方、儋州 6 个市县监测到酸雨，且酸雨 pH 年均值为 5.01 ～ 5.51。其中，海口市酸雨发生频率为 24.3%，三沙市酸雨发生频率为 16.5%，屯昌县酸雨发生频率为 10.0%，陵水、儋州、东方 3 个市县酸雨发生频率分别为 8.0%、3.7%、2.4%；其余市县未监测到酸雨。

# 第二节　降水质量时空变化规律分析

## 一、降水时间变化规律分析

### （一）各月降水 pH 与酸雨发生频率

2022 年，海南省各月降水 pH 与酸雨发生频率呈负相关，且有明显的时间变化规律。5—9 月降水 pH 均大于等于 6.00，为全年 pH 高值区，酸雨发生频率为 0 ～ 5.6%；2 月和 12 月降水 pH 均小于 5.60，为全年降水 pH 低值时段且酸雨发生频率明显高于其余月份；1 月、3 月、4 月、10 月和 11 月降水 pH 为 5.67 ～ 5.92，为全年次低值区，酸雨发生频率为 1.7% ～ 18.3%（图 2-2-1）。

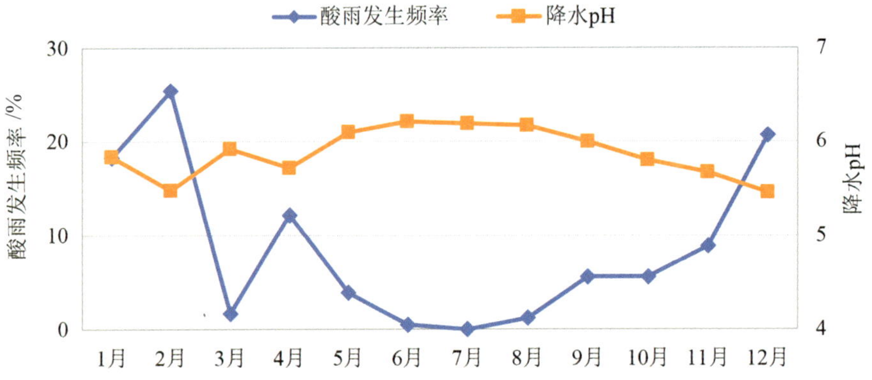


图 2-2-1　2022 年 1—12 月海南省酸雨和降水 pH 发生频率变化情况

### （二）各月降水化学组分

2022 年，海南省各月离子当量浓度为 63.8 ～ 918.8 μeq/L，最小值出现在 8 月，最大值出现在 12 月。5—8 月为低值时段，1—4 月、12 月为高值时段，9—11 月为次高值时段。

降水 pH、酸雨发生频率与降水化学组分各月变化与海南省环境空气污染物浓度变化规律基本一致（图 2-2-2）。

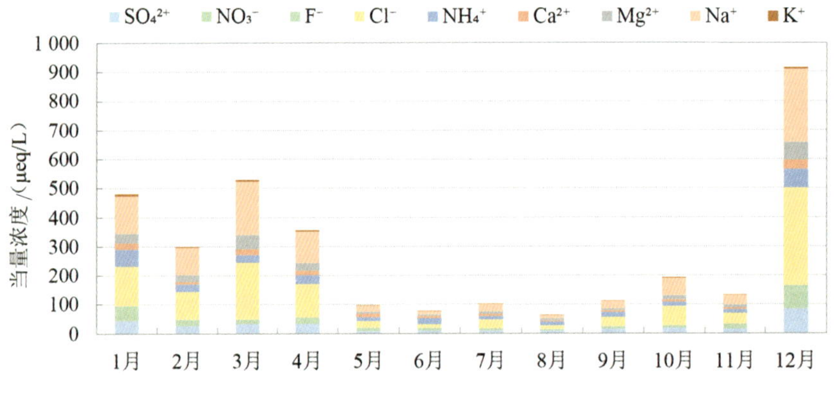


图 2-2-2　2022 年 1—12 月海南省降水化学组分当量浓度变化情况

## 二、降水空间变化规律分析

2022 年，海南省 19 个市县中，海口市降水 pH 年均值为 5.59，略低于 5.60，为酸雨城市；其余市县降水 pH 年均值均≥ 5.60（图 2-2-3）。

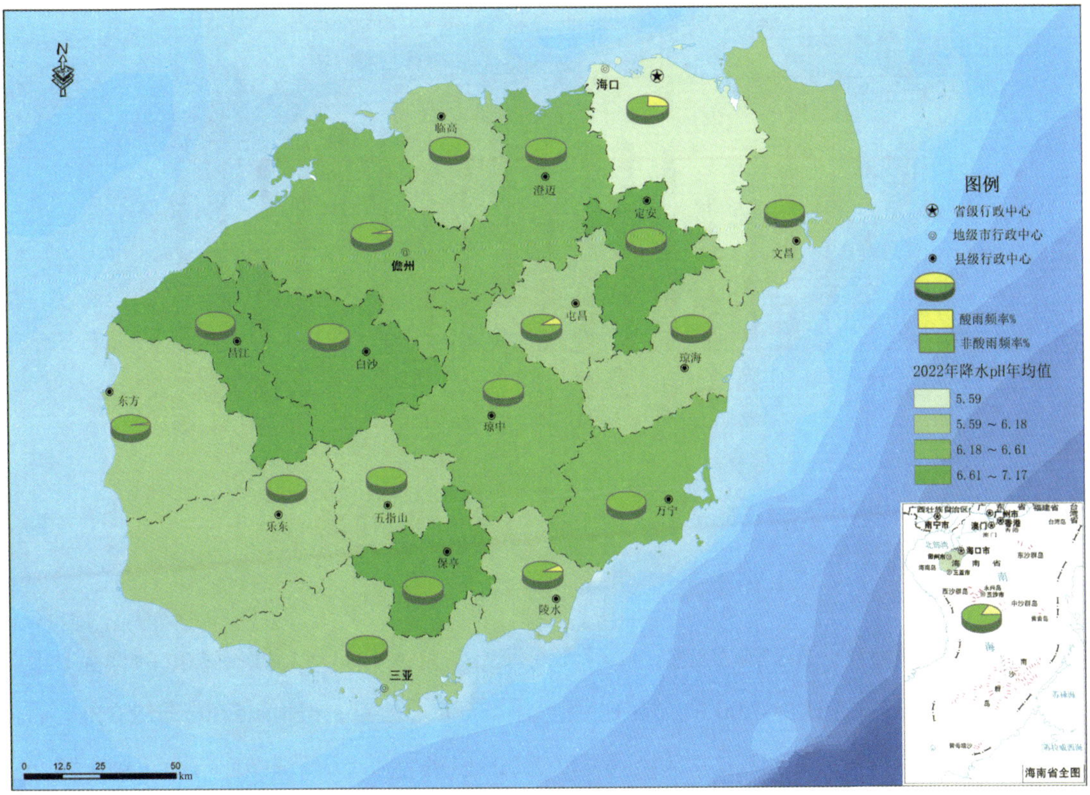


图 2-2-3　2022 年海南省各市县降水 pH 年均值及酸雨频率

海南省降水样品中出现酸雨的市县主要集中在海口、三沙、屯昌、陵水 4 个市县，酸雨频率分别为 24.3%、16.5%、10.0%、8.0%。

# 第三节　降水质量年度对比分析

## 一、降水年度对比分析

### （一）降水 pH 年均值

与 2021 年相比，2022 年海南省（不含三沙市）降水 pH 年均值上升 0.01，三亚、陵水、文昌、临高、儋州、琼海、澄迈、万宁、乐东 9 个市县降水 pH 年均值均有所下降，下降幅度为 0.01 ～ 0.30；其余市县均有所上升，上升幅度为 0.03 ～ 0.80。其中，琼中县由酸雨城市转为非酸雨城市，海口市仍为酸雨城市（图 2-2-4）。

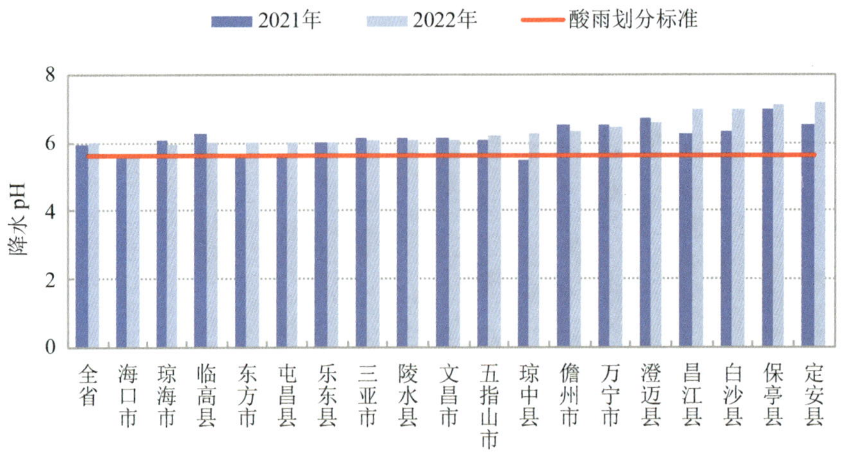


图 2-2-4　2022 年海南省及各市县降水 pH 同比变化情况

## （二）pH 分布

与 2021 年相比，2022 年海南省（不含三沙市）降水 pH 为 5.60 ～ 7.00 的样品比例下降 4.5 个百分点；pH ≥ 7.00 的样品比例上升 4.7 个百分点；pH 为 5.00 ～ 5.60 的样品比例上升 0.4 个百分点；pH 为 4.50 ～ 5.00 的样品比例下降 0.8 个百分点；pH ＜ 4.50 的样品比例上升 0.2 个百分点（图 2-2-5）。

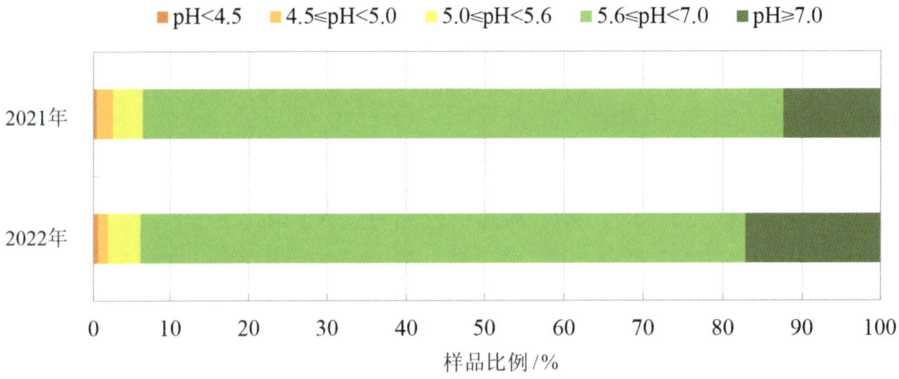


图 2-2-5　2022 年海南省降水样品 pH 分布同比变化情况

## （三）降水化学组分分析

### 1. 降水当量浓度

与 2021 年相比，2022 年海南省降水离子当量浓度年均值总和下降 21.0 μeq/L；氯离子、钙离子、钠离子、镁离子、钾离子、硝酸根、硫酸根当量浓度均有所下降，下降

0.4 ～ 7.9 μeq/L；氟离子当量浓度上升 0.7 μeq/L；铵离子当量浓度无明显变化（图 2-2-6）。

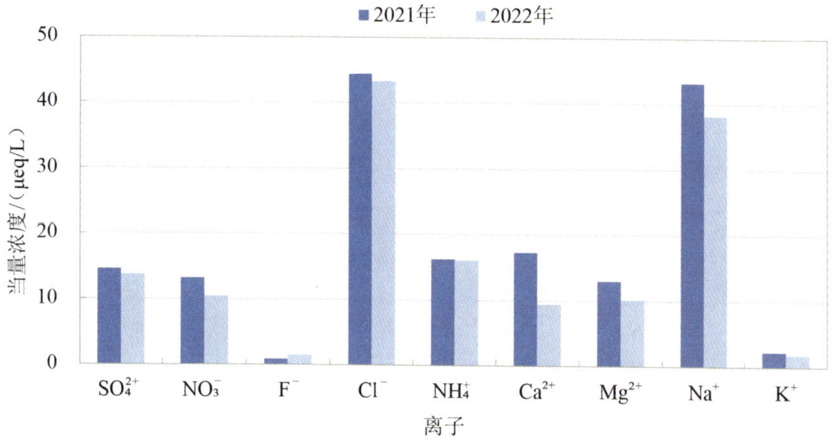


图 2-2-6　2022 年海南省降水离子当量浓度同比变化情况

与 2021 年相比，2022 年海南省（不含儋州市、三沙市）五指山市降水离子当量浓度年均值上升 0.5 μeq/L，东方市、三亚市、琼海市和海口市降水离子当量浓度分别下降 63.8 μeq/L、23.2 μeq/L、126.8 μeq/L 和 31.9 μeq/L（图 2-2-7）。

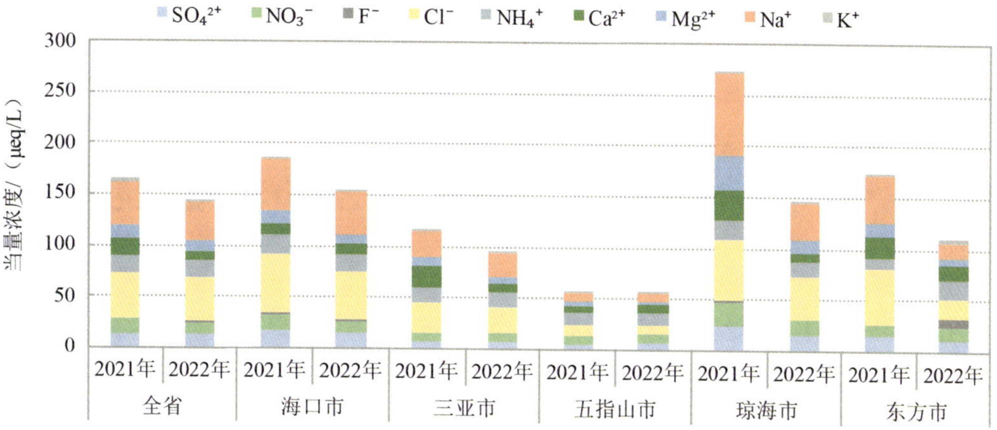


图 2-2-7　2022 年海南省及重点城市降水离子当量浓度分布同比变化情况

### 2. 降水化学组分占比

与 2021 年相比，2022 年海南省海口、三亚、五指山、琼海、东方 5 个市降水氯离子、铵离子、硫酸根、氟离子、钠离子占比分别上升 2.9、1.4、0.7、0.6、0.1 个百分点，钙离子、镁离子、硝酸根、钾离子占比分别下降 3.9、0.8、0.6、0.1 个百分点（图 2-2-8）。

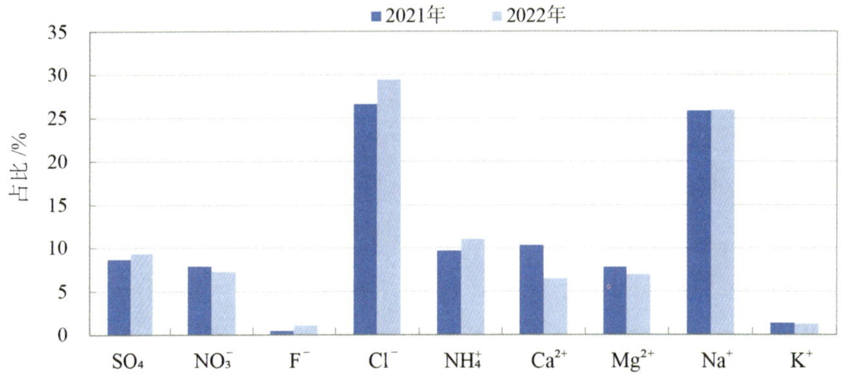


图 2-2-8 2022 年海南省降水离子当量浓度占比同比变化情况

### 二、酸雨年度对比分析

与 2021 年相比，2022 年海南省（不含三沙市）酸雨发生频率下降 0.2 个百分点，酸雨 pH 年均值下降 0.01。琼中、东方、屯昌、定安、澄迈、乐东 6 个市县酸雨发生频率均下降，下降幅度为 1.1 ～ 18.3 个百分点；陵水、儋州、海口 3 个市县酸雨发生频率均上升，上升幅度为 1.4 ～ 6.6 个百分点。

## 第四节 降水质量年际（2016—2022 年）变化趋势分析

### 一、降水年际变化趋势分析

#### （一）降水 pH 年均值

2016—2022 年，海南省降水 pH 年均值为 5.78 ～ 5.94，整体保持稳定，均为非酸雨。秩相关系数法分析结果表明，海南省降水 pH 年均值无显著变化趋势（图 2-2-9）。

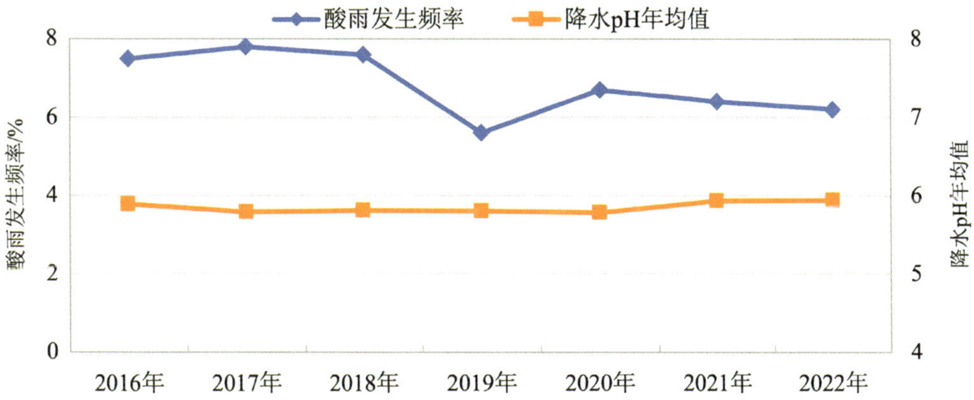


图 2-2-9　2016—2022 年海南省降水 pH 年均值及酸雨频率变化情况

海南省 18 个市县（不含三沙市）降水 pH 年均值呈不同的波动变化。其中海口市 2016—2022 年连续 7 年为酸雨城市，东方市 2018 年为酸雨城市，琼中县 2021 年为酸雨城市。秩相关系数法分析结果表明，琼海、文昌、乐东、琼中 4 个市县降水 pH 年均值下降趋势显著，海口市和三亚市降水 pH 年均值上升趋势显著，其余市县降水 pH 年均值无显著变化（图 2-2-10）。

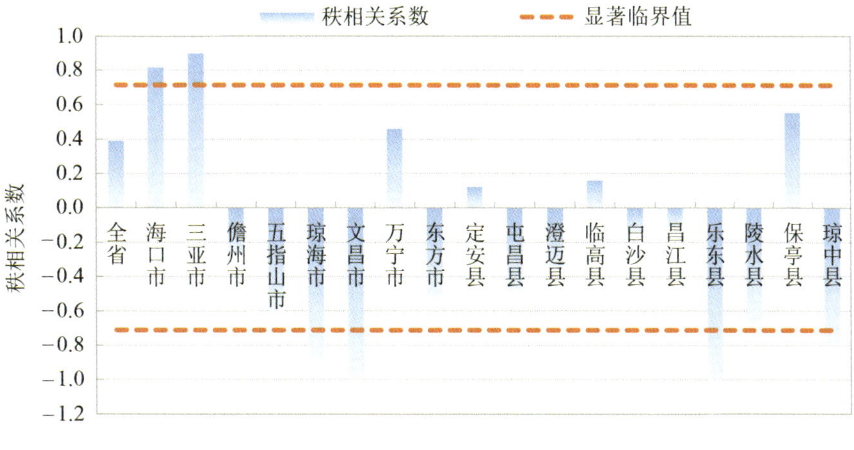


图 2-2-10　2016—2022 年海南省及各市县降水 pH 秩相关系数

## （二）pH 分布

2016—2022 年，海南省降水不同 pH 样品比例在 2018 年前后变化较大，2018 年之后酸性 pH 样品比例大幅下降。降水中 pH ≥ 7.00 的样品比例为 6.2% ～ 17.1%，pH 为 5.60 ～ 7.00 的样品比例为 37.2% ～ 88.2%，酸雨（pH ＜ 5.60）样品比例为 5.6% ～ 47.6%。

酸雨中弱酸性（pH 为 5.00 ～ 5.60）样品比例为 2.5% ～ 39.9%，酸性（pH 为 4.50 ～ 5.00）样品比例为 1.3% ～ 6.4%，重酸性（pH ＜ 4.50）样品比例为 0.4% ～ 3.3%（图 2-2-11）。

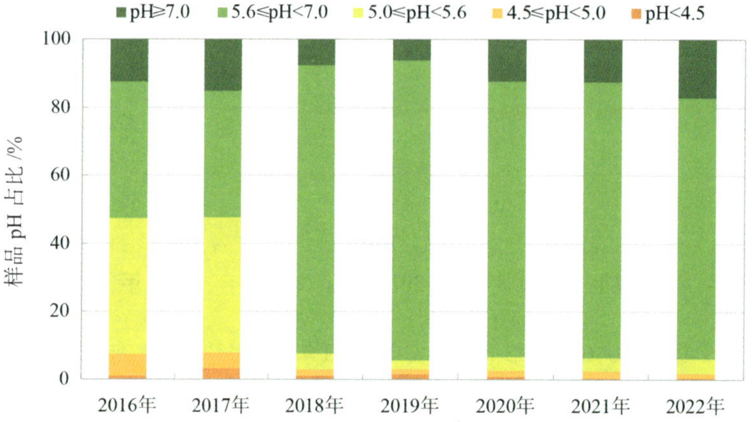


图 2-2-11　2016—2022 年海南省降水样品 pH 占比分布变化情况

## 二、酸雨年际变化趋势分析

2016—2022 年，海南省酸雨发生频率为 5.6% ～ 7.8%，总体呈波动下降趋势；出现酸雨市县的酸雨发生频率为 0.8% ～ 50.9%；各年出现酸雨城市数量为 2 ～ 10 个，呈先上升后下降的变化趋势。秩相关系数法分析结果表明，海南省酸雨发生频率无显著变化趋势，秩相关系数为 −0.679。

从酸雨发生的市县数量统计来看，海南省连续 7 年均存在监测到酸雨发生的市县。其中 2018 年监测到酸雨发生的市县有 10 个，是 7 年中数量最多的年份；其次为 2021 年，监测到酸雨发生的市县有 8 个；2019 年、2020 年、2022 年监测到酸雨发生的市县数量分别为 7 个、6 个、6 个；2016 年和 2017 年监测到酸雨发生的市县数量均为 2 个，为 7 年中数量最少的年份。

从市县监测到酸雨的年份统计来看，监测到酸雨的市县共 15 个，其中海口市连续 7 年均监测到酸雨，三亚、东方、定安、屯昌、陵水等 5 个市县各有 4 年监测到酸雨，昌江县有 3 年监测到酸雨，儋州、五指山、万宁 3 个市县各有 2 年监测到酸雨，三沙、澄迈、临高、乐东、琼中 5 个市县各有 1 年监测到酸雨。

从市县酸雨发生频率统计来看，市县年酸雨发生频率为 0.8% ～ 10.0% 的年份占酸雨发生总年份的 65.9%，年酸雨发生频率为 10.0% ～ 20.0% 的年份占比为 12.1%，年酸雨发生频率大于 20.0% 的年份占比为 22.0%。

# 第五节 变化原因分析

## 一、本地源和致酸物质远距离传输共同影响形成酸雨

海南省酸性降水表现为硝硫混合型酸性降水，同时受海洋性氯离子源的影响，降水呈现海洋性酸性降水特征。酸性降水中致酸离子硫酸根、硝酸根前体物二氧化硫、氮氧化物主要来自人为活动，海南省环境空气质量长期保持优良状态，本地工业分布较少，二氧化硫、氮氧化物除受局地源排放影响外，还受到致酸物质及其变化产物远距离迁移的影响。

## 二、气象因素是影响海南省酸雨形成的另一原因

海南岛春季大气层结构相对稳定，极易在低空形成逆温层；而在冬季受大陆高压的冷气团南下影响，昼夜温差大也易形成逆温层。逆温层的存在不利于致酸物质扩散，使污染物出现堆集，造成降水酸度增加，是导致春、冬两季酸雨频发的主要原因。

# 第六节 小结

## 一、海南省酸雨频率略有下降

2022 年，海南省降水 pH 年均值为 5.94，同比上升 0.01；酸雨发生频率为 6.2%，同比下降 0.2 个百分点；酸雨 pH 年均值为 5.07，同比下降 0.01。海口、三沙、儋州、东方、屯昌、陵水 6 个市县监测到酸雨。2016—2022 年，海南省降水 pH 年均值无显著变化趋势，酸雨频率呈波动下降趋势。

## 二、海南省降水主要为硫硝混合型，同时呈海洋性酸性降水特征

海南省降水离子组分中钠离子、氯离子、硝酸根和硫酸根当量浓度占离子当量浓度的 72.2%，为降水化学成分的主要离子，可见海南省降水主要表现为硫硝混合型，同时呈现海洋性酸性降水特征。

## 三、春、冬季节降水酸度明显大于夏、秋季节

海南省各月降水 pH 与酸雨发生频率呈负相关，且有明显的时间变化规律；各月离子当量浓度范围值 5—8 月为全年低值时段，1—4 月、12 月为高值时段，9—11 月为次高值时段。海南省酸性降水季节性变化明显，春、冬季节降水酸度明显大于夏、秋季节，酸性降水集中出现在春、冬两季。降水 pH、酸雨发生频率与降水化学组分各月变化与海南省环境空气污染物浓度变化规律基本一致。

# 第三章　地表水

2022 年，海南省地表水水质总体为优，水质优良比例为 94.9%，劣Ⅴ类水质比例为 0.5%。超Ⅲ类水质断面（点位）主要污染指标为总磷、高锰酸盐指数、化学需氧量，水质整体呈现平水期＞枯水期＞丰水期的变化规律。与 2021 年相比，2022 年海南省地表水环境质量总体优中向好，主要河流、湖库水质状况均为优，主要污染指标浓度均有所下降。

## 第一节　地表水环境质量现状

### 一、总体情况

2022 年，海南省地表水水质总体为优。监测的 193 个断面（点位）中，水质优良（Ⅰ～Ⅲ类）断面（点位）占比为 94.9%，Ⅳ类水质断面（点位）占比为 4.1%，Ⅴ类水质断面（点位）占比为 0.5%，劣Ⅴ类水质断面（点位）占比为 0.5%。超Ⅲ类水质断面（点位）主要污染指标为总磷、高锰酸盐指数、化学需氧量，超Ⅲ类水质断面（点位）占比分别为 4.1%、2.6%、2.6%，平均浓度分别为 0.074 mg/L、3.0 mg/L、11.0 mg/L（图 2-3-1、图 2-3-2）。

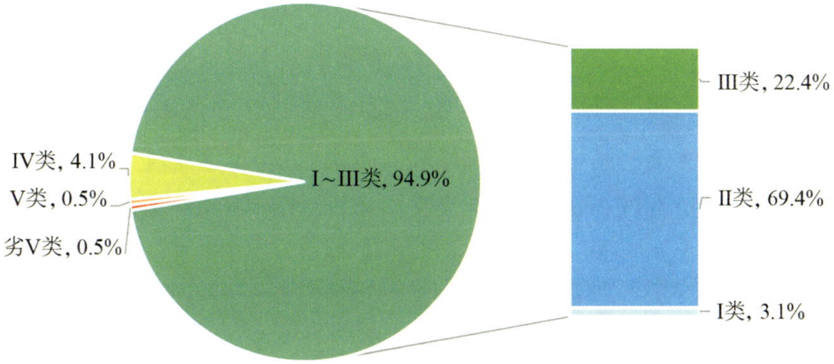


图 2-3-1　2022 年海南省地表水水质类别比例

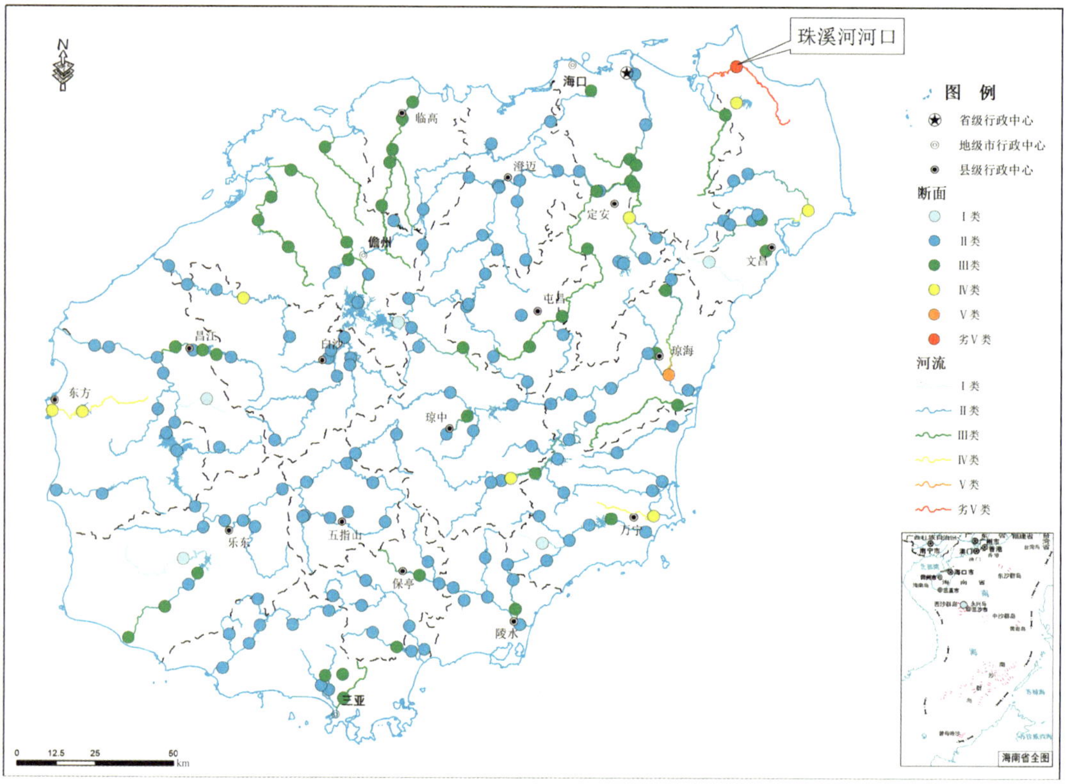


图 2-3-2　2022 年海南省地表水水质状况

## 二、河流水质状况

2022 年，海南省主要河流水质总体为优。开展监测的 76 条河流 141 个断面中，水质优良断面（Ⅰ～Ⅲ类）有 135 个，占比为 95.8%；Ⅳ类水质断面有 4 个，占比为 2.8%；Ⅴ类水质断面有 1 个，占比为 0.7%；劣Ⅴ类水质断面有 1 个，占比为 0.7%。南渡江、昌化江、万泉河流域和南部、西北部、南海各岛诸河水质为优，东北部诸河水质良好。

超Ⅲ类水质断面主要污染指标为总磷、高锰酸盐指数、化学需氧量，占比分别为 3.5%、2.1%、2.1%，平均浓度分别为 0.090 mg/L、3.1 mg/L、10.9 mg/L（图 2-3-3 ～图 2-3-5）。

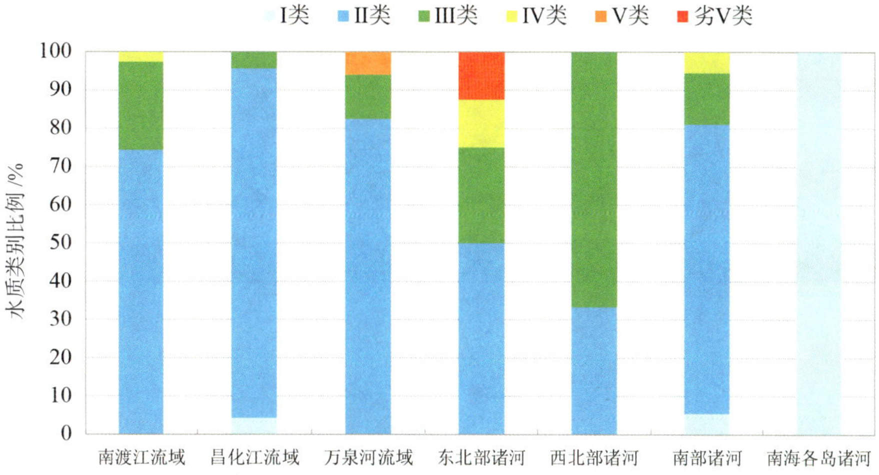


图 2-3-3 2022 年三大流域及海南岛东北部诸河、西北部诸河、南部诸河、南海各岛诸河水质类别比例情况

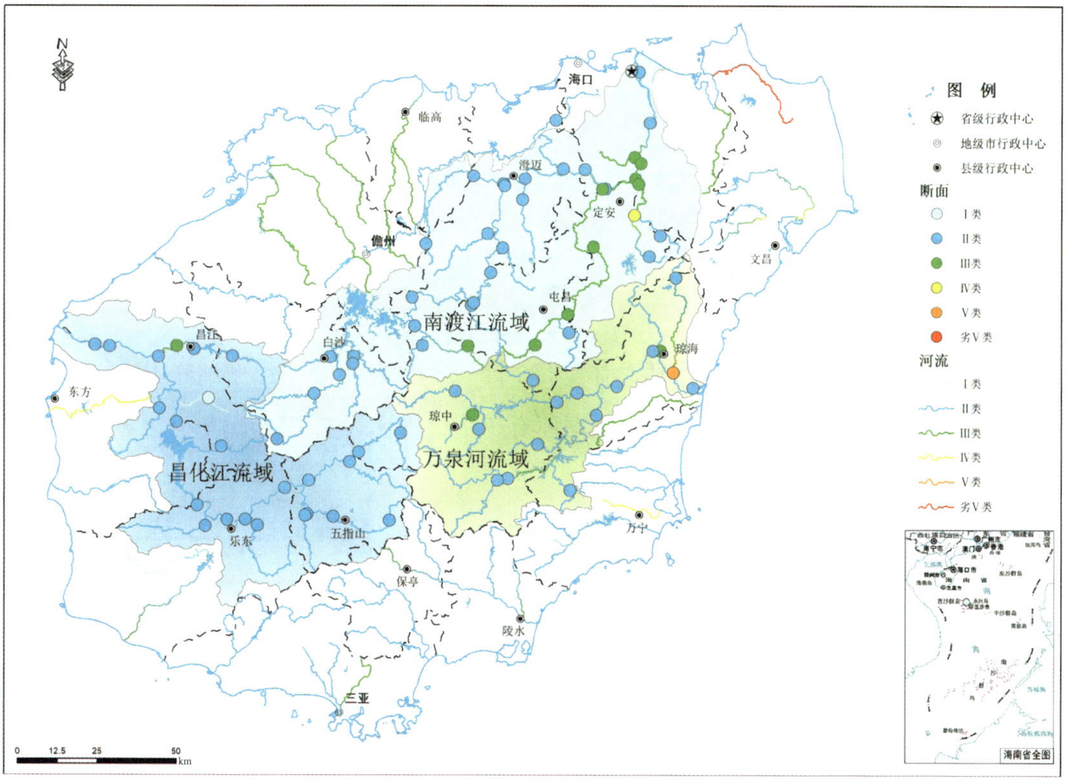


图 2-3-4 2022 年三大流域水质状况

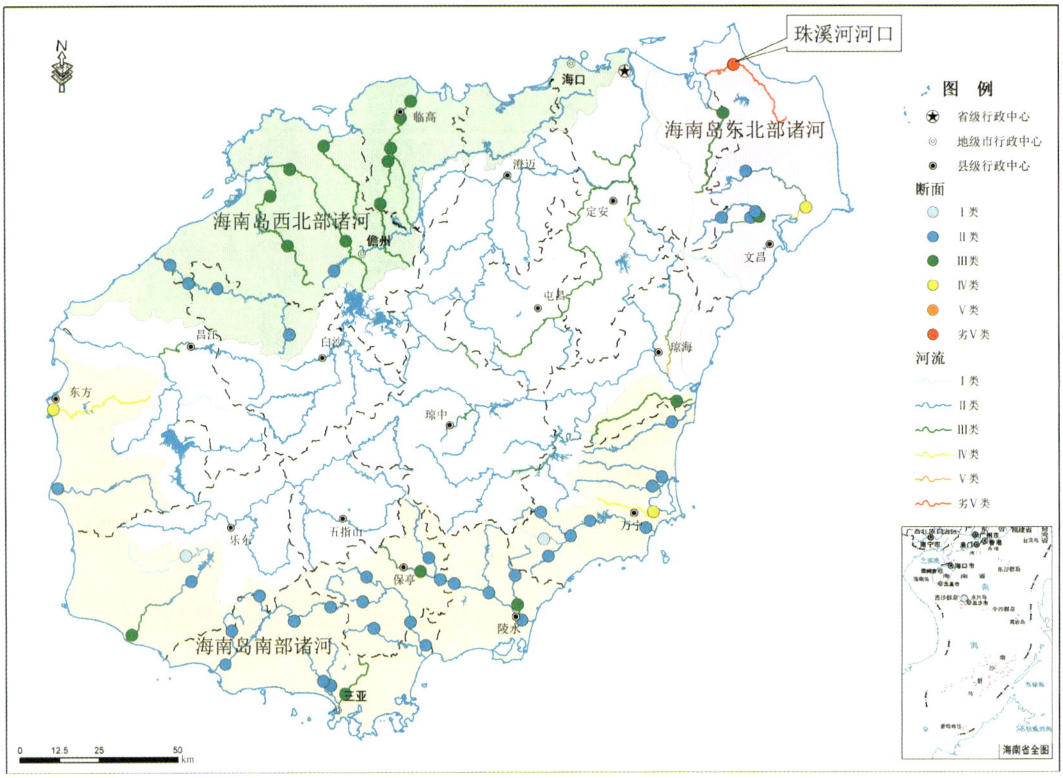


图 2-3-5 2022 年海南岛东北部、西北部、南部诸河及南海各岛诸河水质状况

## 三、湖库水质状况

2022 年，海南省主要湖库水质总体为优。十大湖库及主要中小型湖库中，水质优良湖库有 38 个，占比为 92.7%；Ⅳ类水质湖库有 3 个，占比为 7.3%；无Ⅴ类、劣Ⅴ类水质湖库（图 2-3-6）。

超Ⅲ类水质断面主要污染指标为总磷、化学需氧量、高锰酸盐指数，点位超标率分别为 5.8%、3.8%、3.8%，平均浓度分别为 0.026 mg/L、11.3 mg/L、2.8 mg/L。

总氮单独评价时，石门水库水质为Ⅴ类，永庄水库水质为Ⅳ类，其余湖库水质均为Ⅱ～Ⅲ类。

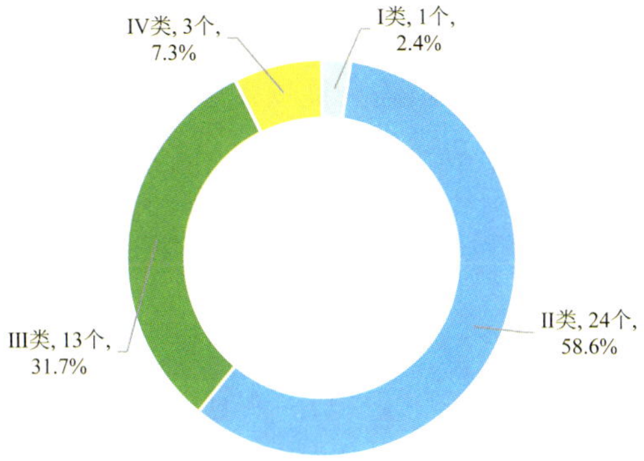


图 2-3-6　2022 年海南省主要湖库水质类别比例

41 个主要湖库中，高坡岭水库、湖山水库和珠碧江水库水质为轻度污染，且呈轻度富营养状态；石门水库和深田水库水质良好，但呈轻度富营养状态；其余湖库水质优良，呈中营养状态（图 2-3-7、图 2-3-8）。

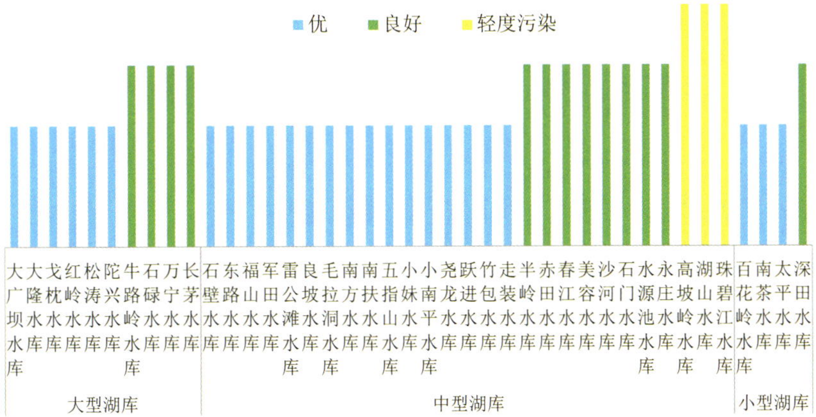


图 2-3-7　2022 年海南省主要湖库水质状况

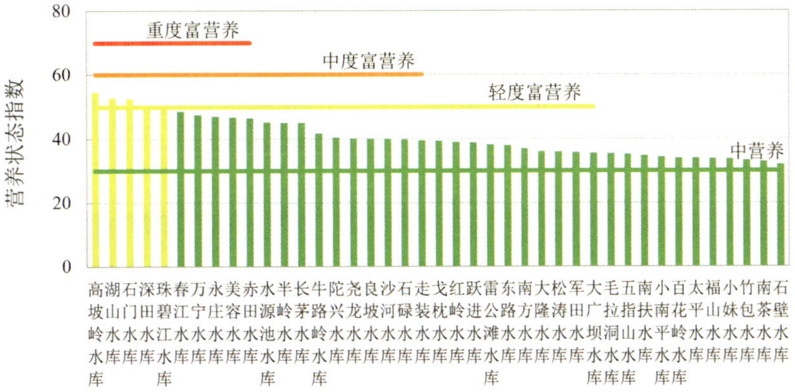


图 2-3-8　2022 年海南省主要湖库营养状态指数

### （一）大型湖库

2022年，监测的10个大型湖库水质均为优良，且均呈中营养状态。其中大广坝水库、大隆水库、戈枕水库、红岭水库、松涛水库、陀兴水库6个湖库水质为优，牛路岭水库、石碌水库、万宁水库、长茅水库4个湖库水质良好。总氮单独评价时，水质为Ⅱ～Ⅲ类。

### （二）中小型湖库

2022年，监测的31个中小型湖库中，19个湖库水质为优，均呈中营养状态；9个湖库水质良好，其中石门水库和深田水库呈轻度富营养状态，其余均呈中营养状态；高坡岭水库水质为轻度污染、轻度富营养，主要污染指标为总磷、化学需氧量、高锰酸盐指数；湖山水库水质为轻度污染、轻度富营养，主要污染指标为化学需氧量、高锰酸盐指数；珠碧江水库水质为轻度污染、轻度富营养，主要污染指标为总磷。总氮单独评价石门水库水质为Ⅴ类，永庄水库水质为Ⅳ类水质，其余29个湖库水质为Ⅱ～Ⅲ类。

# 第二节　地表水环境质量时空变化规律分析

## 一、海南省地表水水质空间变化规律分析

### （一）河流水质空间变化规律

#### 1. 南渡江流域

2022年，南渡江流域总体水质为优。监测的39个断面中，Ⅱ类水质断面29个，占比为74.4%；Ⅲ类水质断面9个，占比为23.0%；Ⅳ类水质断面1个，占比为2.6%；无Ⅰ类、Ⅴ类、劣Ⅴ类水质断面。其中，巡崖河龙湖镇断面水质为Ⅳ类。

南渡江干流及南利河、松涛东干渠、汶安河、西昌溪、南美河、永丰水、南湾河、南春河、南叉河、腰子河、南坤河、绿现河、大塘河、海仔河、南淀河15条支流水质为优；南面沟、新吴溪、巡崖河3条支流水质良好。

南渡江干流水质沿程变化特征：南渡江干流综合污染指数[①]为0.16～0.42，其中干流上游高峰村和南溪河取水口断面的综合污染指数最低，为0.16，下游福美村和龙塘断面的综合污染指数最高，为0.42，干流综合污染指数从上游至下游逐步上升，说明干流沿

---

① 综合污染指数采用高锰酸盐指数、化学需氧量、氨氮、总磷、五日生化需氧量、溶解氧6项指标计算。

程水质状况总体呈现逐渐变差的趋势（图 2-3-9）。

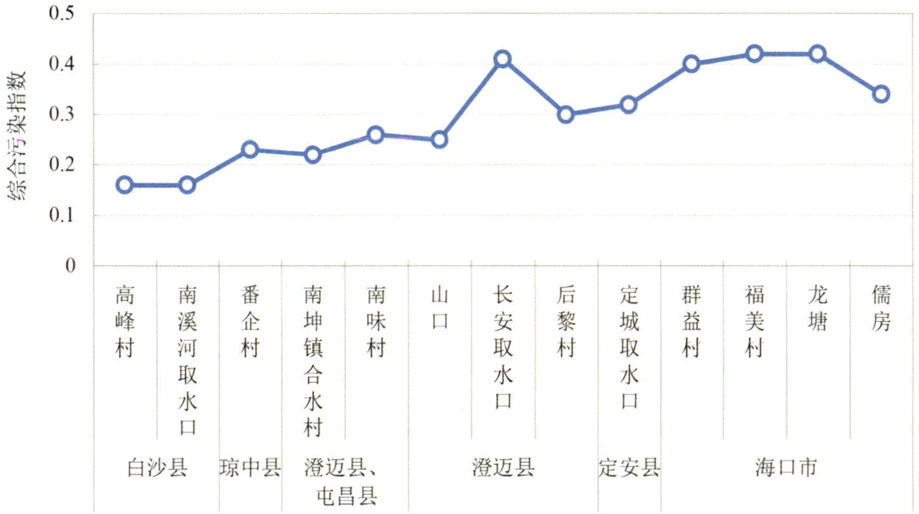


图 2-3-9　2022 年南渡江干流沿程水质综合污染指数变化情况

南渡江主要支流水质分布特征：18 条河流综合污染指数为 0.15 ～ 0.49，其中上游支流南美河综合污染指数最低，为 0.15，水质状况为优；下游支流巡崖河综合污染指数最高，为 0.49，水质状况良好，支流综合污染指数从上游至下游整体呈波动上升趋势（图 2-3-10）。

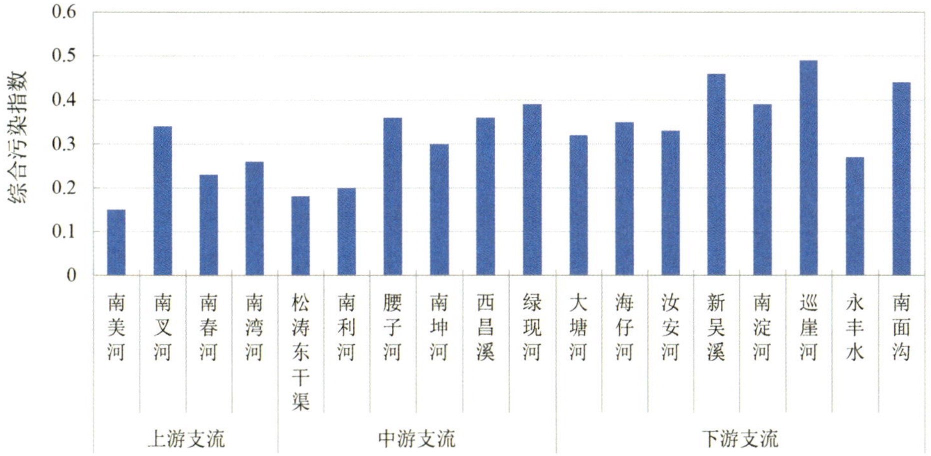


图 2-3-10　2022 年南渡江主要支流水质综合污染指数

### 2. 昌化江流域

2022 年，昌化江流域总体水质为优。监测的 24 个断面中，Ⅰ类水质断面有 1 个，占比为 4.2%；Ⅱ类水质断面有 22 个，占比为 91.6%；Ⅲ类水质断面有 1 个，占比为 4.2%；无Ⅳ、Ⅴ、劣Ⅴ类水质断面。

昌化江干流及水满河、通什水、毛庆水、乐中河、南巴河、南绕河、七差河、石碌河、东方水 9 条支流水质全部为优。

昌化江干流水质沿程变化特征：昌化江干流综合污染指数为 0.14 ～ 0.32，其中干流上游罗解村水源断面的综合污染指数最低，为 0.14，中游山荣断面的综合污染指数最高，为 0.32，干流综合污染指数从上游至下游逐步上升，说明干流沿程水质状况总体呈现逐渐变差的趋势（图 2-3-11）。

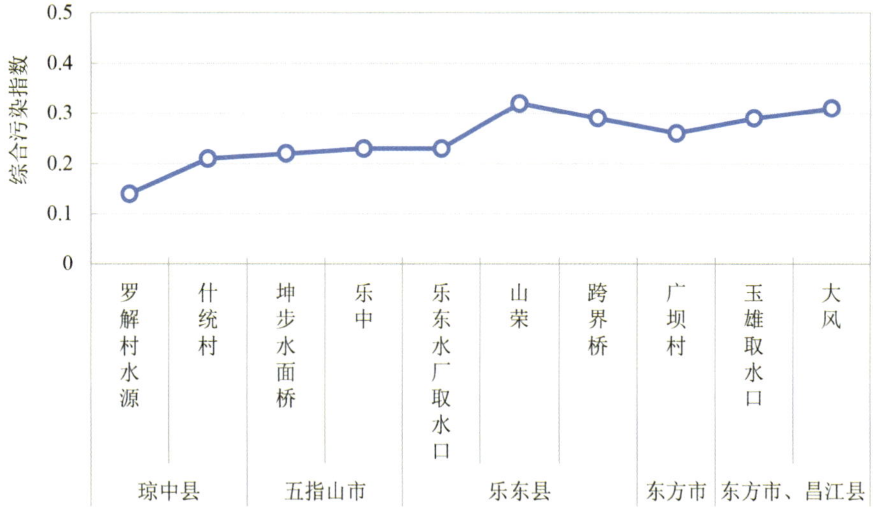


图 2-3-11　2022 年昌化江干流沿程水质综合污染指数变化情况

昌化江主要支流水质分布特征：9 条河流综合污染指数为 0.15 ～ 0.40，其中上游支流毛庆水和下游支流南饶河综合污染指数最低，为 0.15，水质状况为优；下游支流乐中河和东方水综合污染指数最高，为 0.40，水质状况为优，支流综合污染指数从上游至下游整体呈波动上升趋势（图 2-3-12）。

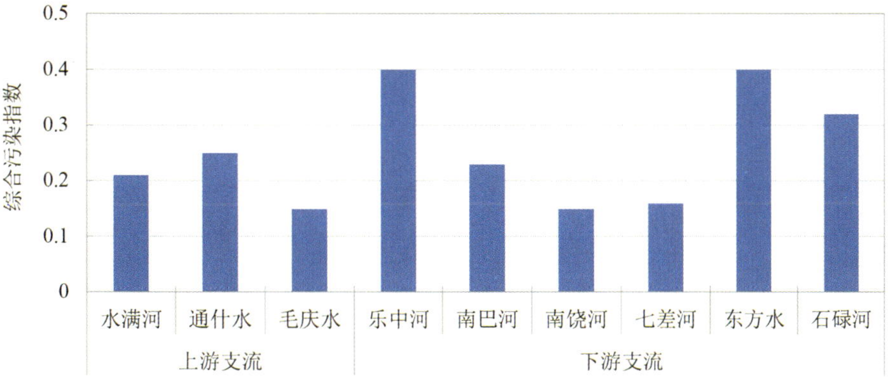


图 2-3-12　2022 年昌化江主要支流水质综合污染指数

### 3. 万泉河流域

2022 年，万泉河流域总体水质为优。监测的 17 个断面中，Ⅱ类水质断面有 14 个，占比为 82.4%；Ⅲ类水质断面有 2 个，占比为 11.7%；Ⅴ类水质断面有 1 个，占比为 5.9%；无Ⅰ类、Ⅳ类、劣Ⅴ类水质断面。其中，塔洋河田头桥断面水质为Ⅴ类。

万泉河干流及白岭河、中平河、定安河、三更罗水、咬饭河、青梯水 6 条河流水质为优，什候河、加浪河、塔洋河 3 条河流水质良好。

万泉河干流水质沿程变化特征：万泉河干流综合污染指数为 0.20 ～ 0.32，其中干流上游会山镇和龙江断面的综合污染指数最低，为 0.20，下游汀洲断面的综合污染指数最高，为 0.32。干流综合污染指数从上游至下游总体呈上升趋势，说明干流沿程水质状况总体呈现逐渐变差的趋势（图 2-3-13）。

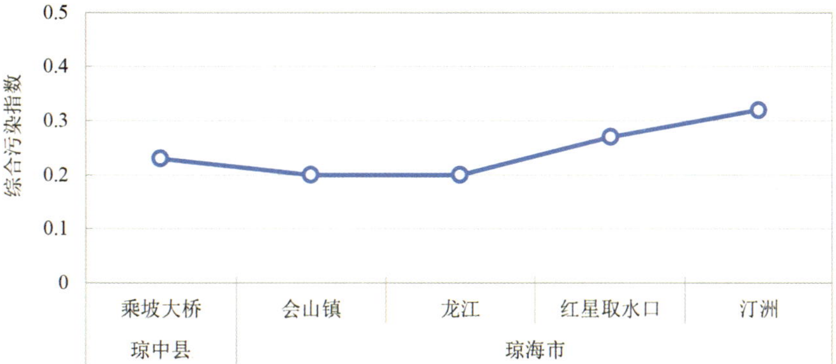


图 2-3-13　2022 年万泉河干流沿程水质综合污染指数变化情况

万泉河主要支流水质分布特征：9 条河流综合污染指数为 0.17 ～ 0.60，其中上游支流中平河综合污染指数最低，为 0.17，水质状况为优；下游支流塔洋河综合污染指数最高，为 0.60，水质状况良好。支流综合污染指数从上游至下游整体呈阶梯式上升趋势（图 2-3-14）。

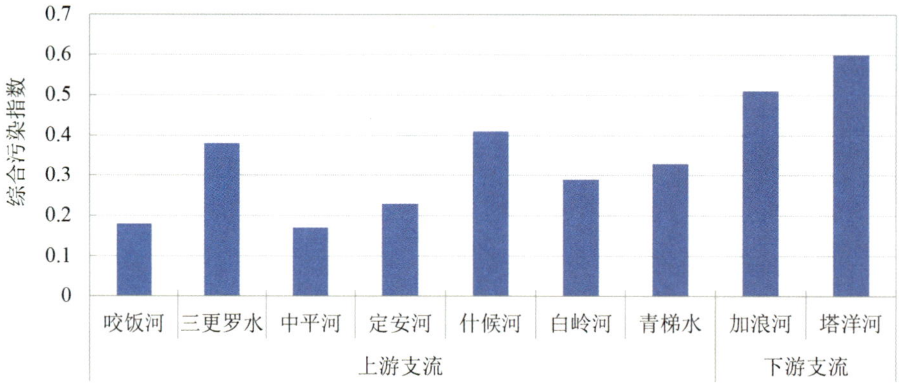


图 2-3-14　2022 年万泉河主要支流水质综合污染指数

### 4. 东北部诸河

2022 年，海南岛东北部诸河总体水质良好。监测的 8 个断面中，Ⅱ类水质断面有 4 个，占比为 50.0%；Ⅲ类水质断面有 2 个，占比为 25.0%；Ⅳ类水质断面有 1 个，占比为 12.5%；劣Ⅴ类水质断面有 1 个，占比为 12.5%；无Ⅰ类、Ⅴ类水质断面。其中，文教河坡柳水闸断面水质为Ⅳ类，珠溪河河口断面水质为劣Ⅴ类。

监测的 5 条河流中，文昌江和北山溪水质为优；演州河水质良好；文教河水质为轻度污染，主要污染指标为化学需氧量；珠溪河水质为重度污染，主要污染指标为总磷、高锰酸盐指数、化学需氧量。

东北部河流特征：东北部 5 条监测河流综合污染指数为 0.28 ～ 1.66。其中文昌江综合污染指数最低，为 0.28，水质状况为优；珠溪河综合污染指数最高，为 1.66，水质状况为重度污染（图 2-3-15）。

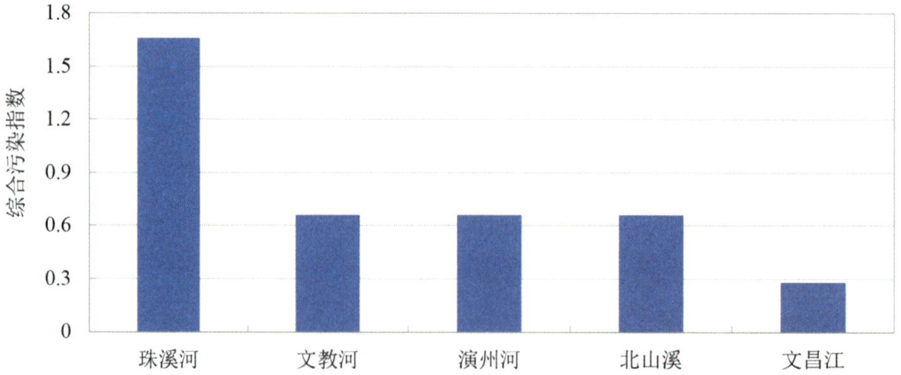


图 2-3-15　2022 年东北部河流水质综合污染指数

### 5. 西北部诸河

2022 年，海南岛西北部诸河总体水质为优。监测的 15 个断面中，Ⅱ类水质断面有 5 个，占比为 33.3%；Ⅲ类水质断面有 10 个，占比为 66.7%；无Ⅰ类、Ⅳ类、Ⅴ类、劣Ⅴ类水质断面。

监测的 7 条河流中，牙拉河和珠碧江水质为优；加来河、光村水、春江、北门江、文澜河 5 条河流水质为良好。

西北部河流特征：西北部 7 条监测河流综合污染指数为 0.31 ～ 0.52。其中珠碧江综合污染指数最低，为 0.31，水质状况为优；北门江综合污染指数最高，为 0.52，水质状况为良好（图 2-3-16）。

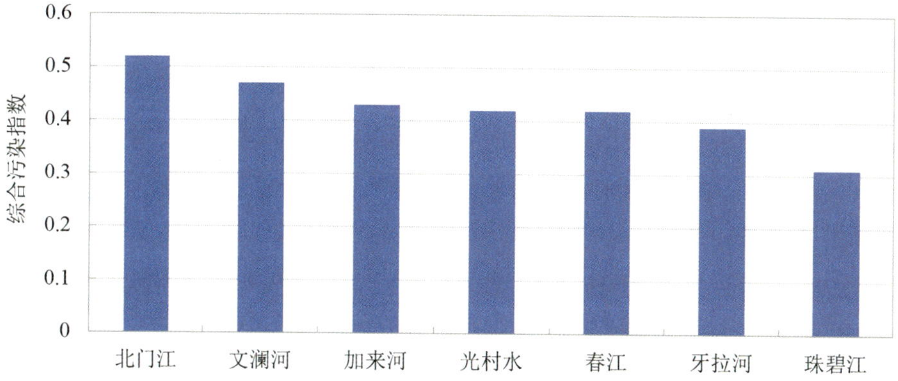


图 2-3-16　2022 年西北部河流水质综合污染指数

### 6. 南部诸河

2022 年，海南岛南部诸河总体水质为优。监测的 37 个断面中，Ⅰ类水质断面有 2 个，占比为 5.4%；Ⅱ类水质断面有 28 个，占比为 75.7%；Ⅲ类水质断面有 5 个，占比为 13.5%；Ⅳ类水质断面有 2 个，占比为 5.4%；无Ⅴ类、劣Ⅴ类水质断面。其中，东山河后山村和罗带河罗带铁路桥断面水质为Ⅳ类。

监测的 24 条河流中，雅边方河、龙潭河、南桥水、脚下河、龙滚河、龙首河、龙尾河、长兴河、太阳河、陵水河、都总河、金聪河、藤桥河、藤桥西河、三亚河、汤他水、宁远河、望楼河、感恩河 19 条河流水质为优；九曲江、半岭水、保亭水 3 条河流水质为良好；东山河水质为轻度污染，溶解氧含量偏低；罗带河水质为轻度污染，主要污染指标为高锰酸盐指数、化学需氧量、总磷。

南部河流特征：南部 24 条监测河流综合污染指数为 0.16 ～ 1.06。其中脚下河综合污染指数最低，为 0.16，水质状况为优；罗带河综合污染指数最高，为 1.06，水质状况为轻度污染（图 2-3-17）。

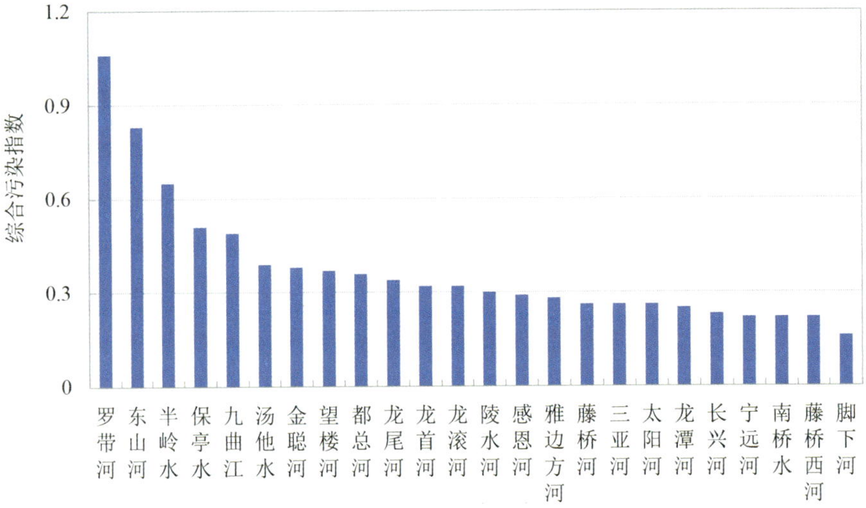


图 2-3-17　2022 年南部河流水质综合污染指数

### 7. 南海各岛诸河

2022 年，南海各岛诸河水质为优，监测的永兴断面水质为 I 类。

### （二）湖库水质空间变化规律

2022 年，监测的 41 个主要湖库中，轻度污染的湖库有 3 个，位于海南岛西南部区域（东方市高坡岭水库、儋州市和白沙县共界的珠碧江水库）和东北部区域（文昌市湖山水库）；其余水库水质均为优良。

## 二、各水期变化规律分析

2022 年，海南省地表水监测的 193 个断面（点位）中：枯水期、丰水期、平水期的优良水质比例分别为 93.8%、92.7%、95.9%；劣 V 类水质比例分别为 1.0%、0.5%、0.5%。总体水质呈现出平水期＞枯水期＞丰水期的变化规律（图 2-3-18）。

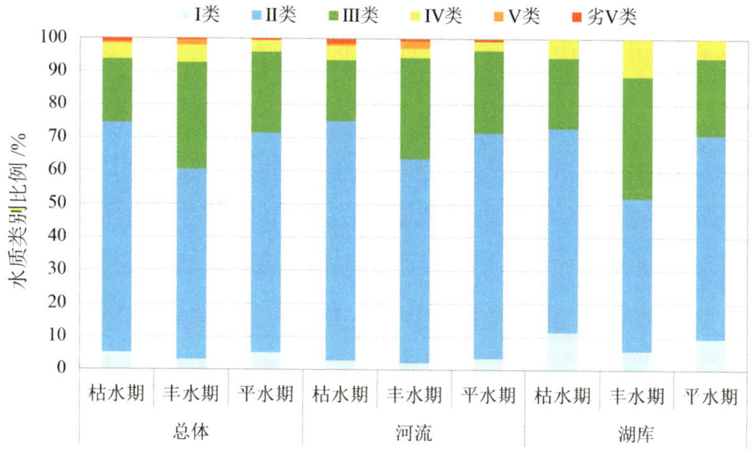


图 2-3-18　2022 年各水期海南省地表水水质类别比例

## （一）河流各水期水质变化规律

2022 年枯水期，海南省河流水质状况总体为优，共监测 141 个断面。Ⅰ类水质断面占比为 2.8%，Ⅱ类水质断面占比为 72.3%，Ⅲ类水质断面占比为 18.5%，Ⅳ类水质断面占比为 4.3%，Ⅴ类水质断面占比为 0.7%，劣Ⅴ类水质断面占比为 1.4%。超Ⅲ类水质断面主要污染指标为总磷、高锰酸盐指数、化学需氧量。

2022 年丰水期，海南省河流水质状况总体为优，共监测 141 个断面。Ⅰ类水质断面占比为 2.1%，Ⅱ类水质断面占比为 61.7%，Ⅲ类水质断面占比为 30.6%，Ⅳ类水质断面占比为 2.8%，Ⅴ类水质断面占比为 2.1%，劣Ⅴ类水质断面占比为 0.7%。超Ⅲ类水质断面主要污染指标为总磷、高锰酸盐指数、化学需氧量。

2022 年平水期，海南省河流水质状况总体为优，共监测 141 个断面。Ⅰ类水质断面占比为 3.5%，Ⅱ类水质断面占比为 68.2%，Ⅲ类水质断面占比为 24.8%，Ⅳ类水质断面占比为 2.8%，劣Ⅴ类水质断面占比为 0.7%，无Ⅴ类断面。超Ⅲ类水质断面主要污染指标为化学需氧量、高锰酸盐指数、总磷。

## （二）湖库各水期水质变化规律

2022 年枯水期，海南省湖库水质状况总体为优，共监测 41 个湖库。Ⅰ类水质湖库占比为 4.9%，Ⅱ类水质湖库占比为 68.2%，Ⅲ类水质湖库占比为 22.0%，Ⅳ类水质湖库占比为 4.9%，无Ⅴ类、劣Ⅴ类湖库。超Ⅲ类点位主要污染指标为总磷、化学需氧量、高锰酸盐指数。

2022 年丰水期，海南省湖库水质状况总体为优，共监测 41 个湖库。Ⅰ类水质湖库占比为 4.9%，Ⅱ类水质湖库占比为 43.8%，Ⅲ类水质湖库占比为 41.5%，Ⅳ类水质湖库占比为 9.8%，无Ⅴ类、劣Ⅴ类湖库。超Ⅲ类点位主要污染指标为总磷、化学需氧量、高锰酸盐指数。

2022 年平水期，海南省湖库水质状况总体为优，共监测 41 个湖库。Ⅰ类水质湖库占比为 4.9%，Ⅱ类水质湖库占比为 65.8%，Ⅲ类水质湖库占比为 22.0%，Ⅳ类水质湖库占比为 7.3%，无Ⅴ类、劣Ⅴ类湖库。超Ⅲ类点位主要污染指标为总磷、化学需氧量、高锰酸盐指数。

## 三、主要污染物浓度变化规律分析

### （一）河流主要污染指标变化规律

2022 年，海南省河流主要污染指标为总磷、高锰酸盐指数、化学需氧量，断面超标率分别为 3.5%、2.1%、2.1%。

#### 1. 总磷

海南省河流主要污染指标总磷呈现出东北部诸河污染物浓度最高（0.153 mg/L），南海各岛诸河污染物浓度最低（0.006 mg/L），万泉河流域和西北部诸河污染物浓度较高的分布特征（图 2-3-19）。2022 年各月总磷浓度呈先波动上升后下降趋势，浓度为 0.080 ～ 0.107 mg/L，各月总磷浓度差异较大，丰水期后期至平水期（8—12 月）总磷浓度下降趋势明显（图 2-3-20）。

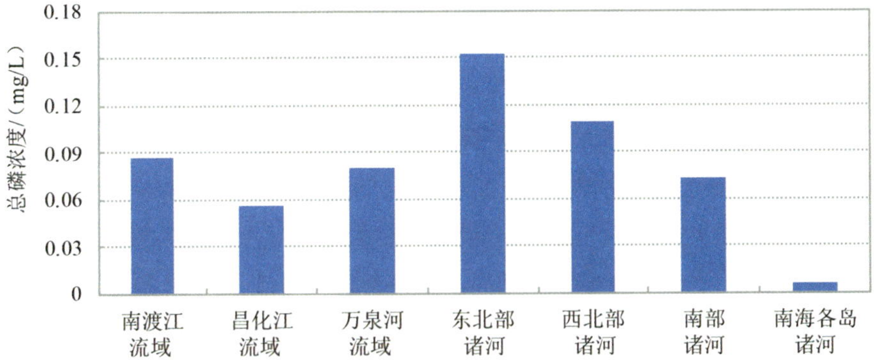


图 2-3-19　2022 年海南省河流总磷浓度分布

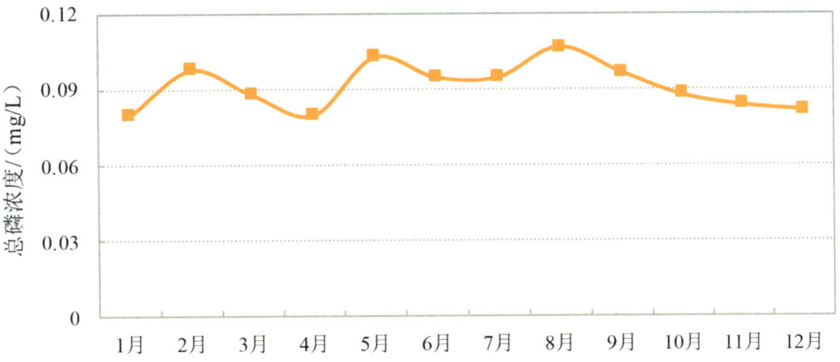


图 2-3-20　2022 年 1—12 月海南省河流总磷浓度变化情况

## 2. 化学需氧量

海南省河流主要污染指标化学需氧量浓度呈现出东北部诸河污染物浓度最高（17.7 mg/L），西北部诸河次之（12.5 mg/L），南海各岛诸河污染物浓度最低（3.8 mg/L）的分布特征（图 2-3-21）。2022 年各月化学需氧量浓度呈先波动上升后下降的趋势，浓度为 9.0 ~ 14.7 mg/L，各月化学需氧量浓度差异较大，丰水期后期至平水期（8—12 月）化学需氧量浓度下降趋势明显（图 2-3-22）。

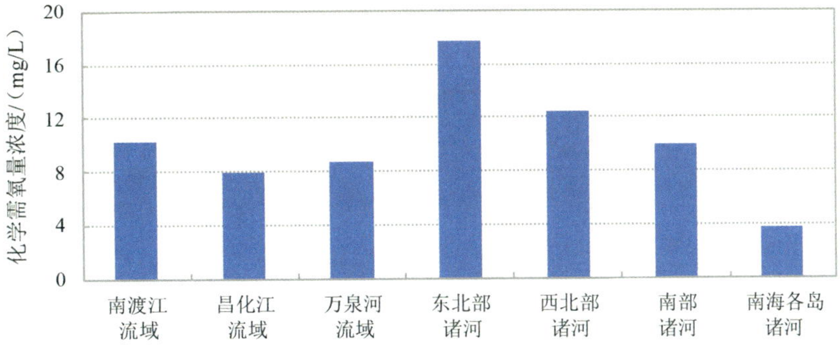


图 2-3-21　2022 年海南省河流化学需氧量浓度分布

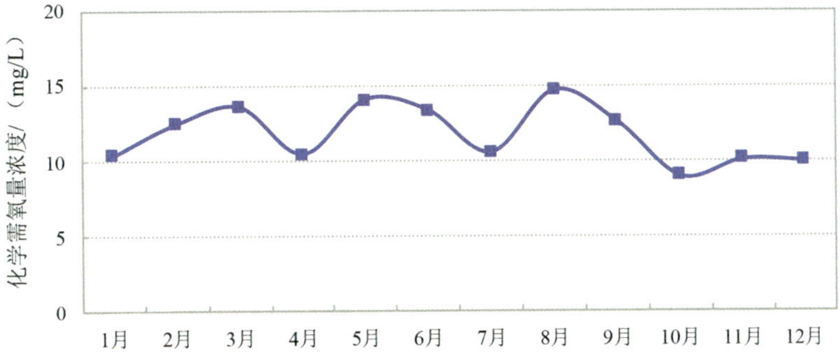


图 2-3-22　2022 年 1—12 月海南省河流化学需氧量浓度变化情况

### 3. 高锰酸盐指数

海南省河流主要污染指标高锰酸盐指数浓度呈现出东北部诸河污染物浓度最高（5.1 mg/L），西北部诸河次之（3.5 mg/L），南海各岛诸河污染物浓度最低（0.3 mg/L）的分布特征（图 2-3-23）。2022 年各月高锰酸盐指数呈先波动上升后下降趋势，浓度为 2.5 ～ 3.8 mg/L，各月高锰酸盐指数差异较大，丰水期（5—8 月）较高，丰水期后期至平水期（8—12 月）高锰酸盐指数浓度下降趋势明显（图 2-3-24）。

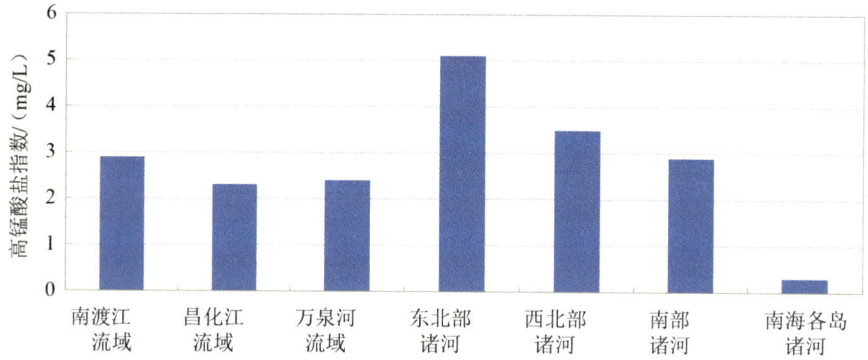


图 2-3-23　2022 年海南省河流高锰酸盐指数浓度分布

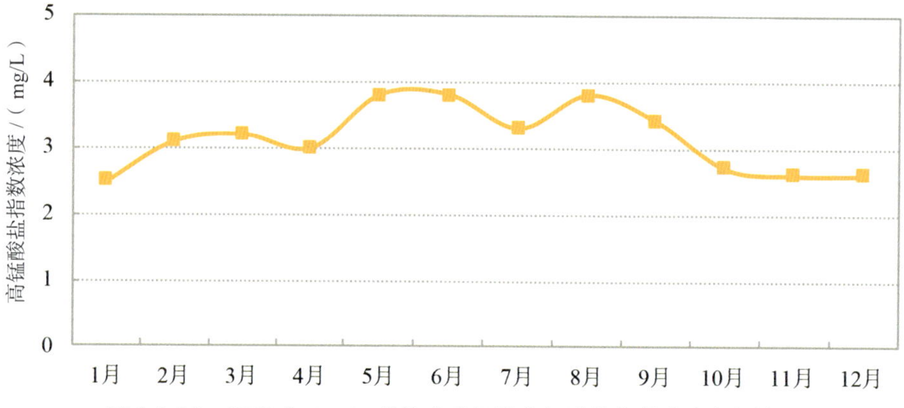


图 2-3-24　2022 年 1—12 月海南省河流高锰酸盐指数浓度变化情况

## （二）湖库主要污染指标变化规律

2022 年，海南省湖库点位主要污染指标为总磷、化学需氧量、高锰酸盐指数，点位超标率分别为 5.8%、3.8%、3.8%。

### 1. 总磷

2022 年各月海南省湖库总磷浓度呈波动变化趋势，浓度为 0.021 ～ 0.033 mg/L，5

月和 7 月总磷浓度上升趋势明显，丰水期末至平水期（9—12 月）总磷浓度有下降趋势（图 2-3-25）。

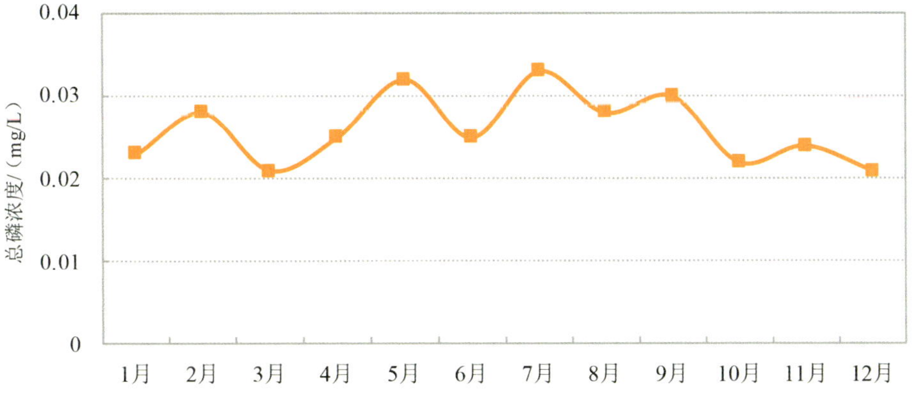


图 2-3-25　2022 年 1—12 月海南省湖库总磷浓度变化情况

## 2. 化学需氧量

2022 年各月海南省湖库化学需氧量浓度呈波动变化趋势，浓度为 9.7 ～ 15.2 mg/L，9 月化学需氧量浓度均达到峰值，丰水期末至平水期（9—12 月）化学需氧量有下降趋势（图 2-3-26）。

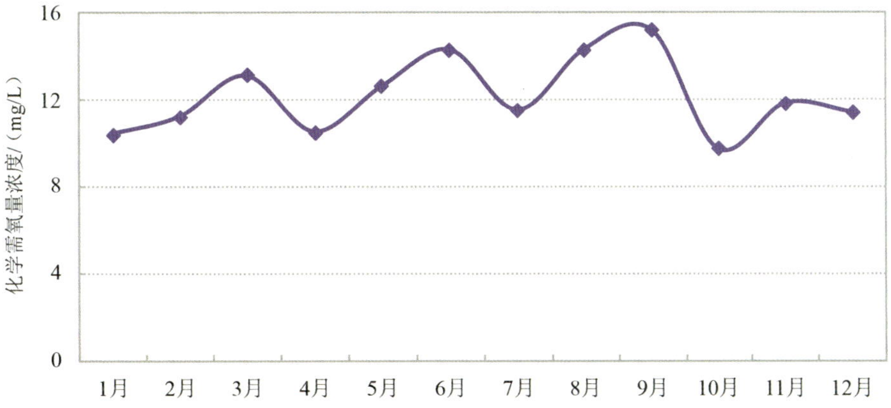


图 2-3-26　2022 年 1—12 月海南省湖库化学需氧量浓度变化情况

## 3. 高锰酸盐指数

2022 年各月海南省湖库高锰酸盐指数变化趋势呈先上升后下降趋势，浓度为 2.5 ～ 3.3 mg/L，6—9 月高锰酸盐指数相对较高，丰水期末至平水期（9—12 月）高锰酸盐指数有下降趋势（图 2-3-27）。

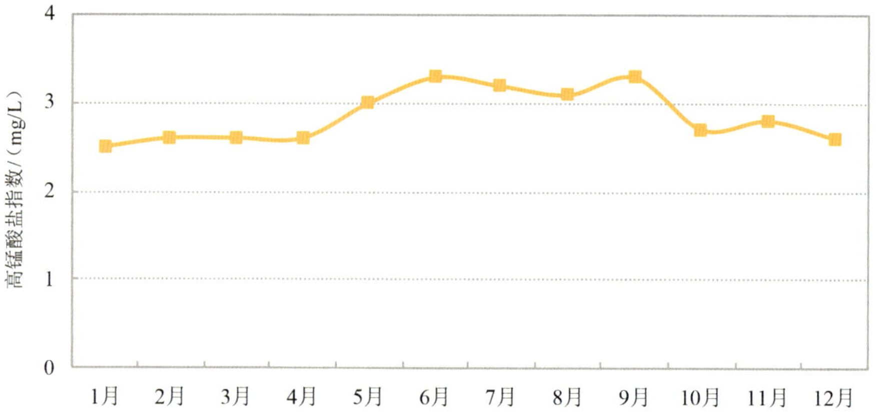


图 2-3-27　2022 年 1—12 月海南省湖库高锰酸盐指数变化情况

## 四、各市县地表水环境质量状况及排名

### （一）水质状况

2022 年，海南省 19 个市县中，三沙、三亚、海口、保亭、昌江、澄迈、乐东、临高、陵水、屯昌、五指山 11 个市县水质为优，水质优良比例均为 100%；琼海、定安、白沙、儋州、万宁、琼中 6 个市县水质为优，水质优良比例为 90.0% ～ 94.7%；东方市水质为良好，水质优良比例为 81.8%；文昌市水质为轻度污染，水质优良比例为 72.7%。从各市县水质优良比例分布来看，海南岛东北部及西北部部分市县水质优良比例相对偏低。

海南省共 10 个断面（点位）水质未达到优良。其中，文昌市珠溪河河口断面为重度污染；琼海市塔洋河田头桥断面为中度污染；万宁市东山河后山村、定安县巡崖河龙湖镇、东方市罗带河罗带铁路桥、白沙县和儋州市共界的珠碧江水库出口、东方市高坡岭水库出口、琼中县牛路岭水库入口、文昌市文教河坡柳水闸和湖山水库出口 8 个断面为轻度污染。

### （二）地表水环境质量排名

2022 年，海南省 19 个市县城市水质指数为 2.110 6 ～ 4.506 6，地表水环境质量相对较好的是三沙、五指山、琼中、万宁、保亭等市县，相对较差的是文昌、东方、儋州、临高、海口等市县。地表水环境质量变化情况相对较好的是屯昌、文昌、澄迈、定县、琼中等市县，相对较差的是三亚、乐东、陵水、昌江、东方等市县（表 2-3-1）。

表 2-3-1　2022 年海南省各市县地表水环境质量排名

| 排名 | 市县名称 | 城市水质指数 | 排名 | 市县名称 | 城市水质指数 |
|---|---|---|---|---|---|
| 1 | 三沙市 | 2.110 6 | 11 | 琼海市 | 3.609 0 |
| 2 | 五指山市 | 2.868 4 | 12 | 乐东县 | 3.657 7 |
| 3 | 琼中县 | 3.065 8 | 13 | 屯昌县 | 3.699 5 |
| 4 | 万宁市 | 3.186 7 | 14 | 定安县 | 3.701 2 |
| 5 | 保亭县 | 3.196 1 | 15 | 海口市 | 3.709 4 |
| 6 | 澄迈县 | 3.273 8 | 16 | 临高县 | 3.786 9 |
| 7 | 白沙县 | 3.292 8 | 17 | 儋州市 | 3.870 0 |
| 8 | 昌江县 | 3.335 3 | 18 | 东方市 | 4.218 0 |
| 9 | 陵水县 | 3.383 9 | 19 | 文昌市 | 4.5066 |
| 10 | 三亚市 | 3.581 5 | — | — | — |

注：城市水质指数越小表明城市地表水环境质量状况越好，排名越靠前。

## 第三节　地表水环境质量年度对比分析

与 2021 年相比，2022 年海南省地表水水质总体优中向好，水质断面优良比例上升 2.7 个百分点，Ⅳ类水质断面（点位）比例上升 0.5 个百分点，Ⅴ类水质断面（点位）比例下降 2.1 个百分点，劣Ⅴ类水质断面（点位）比例下降 1.1 个百分点。主要污染指标为总磷、高锰酸盐指数、化学需氧量。超Ⅲ类水质断面（点位）比例分别下降 2.6、2.6 和 1.5 个百分点；总磷平均浓度下降 6.5%，高锰酸盐指数平均浓度下降 8.6%，化学需氧量平均浓度下降 19.0%。

### 一、河流年度对比分析

与 2021 年相比，2022 年海南省河流水质状况无明显变化，水质优良比例上升 4.3 个百分点，Ⅳ类水质断面比例下降 1.5 个百分点，Ⅴ类水质断面比例下降 1.4 个百分点，劣Ⅴ类水质断面比例下降 1.4 个百分点。主要污染指标总磷、高锰酸盐指数、化学需氧量超Ⅲ类水质断面比例分别下降 1.5、0.7、2.2 个百分点；总磷平均浓度下降 4.5%，高锰酸盐指数平均浓度下降 9.6%，化学需氧量平均浓度下降 19.2%。

与 2021 年相比，2022 年南渡江、昌化江流域和南部、南海各岛诸河水质保持稳定，万泉河流域和西北部诸河水质有所好转，东北部诸河水质明显好转。其中，南渡江流域腰子河水质由轻度污染好转为优；万泉河流域什候河水质由轻度污染好转为良好，塔洋河水质由中度污染好转为良好；东北部演州河水质由轻度污染好转为良好；南部保亭水水质由轻度污染好转为良好，罗带河水质由中度污染好转为轻度污染；东北部珠溪河水质持续重度污染，东北部文教河和南部东山河水质持续轻度污染；其余河流保持优良（图 2-3-28）。

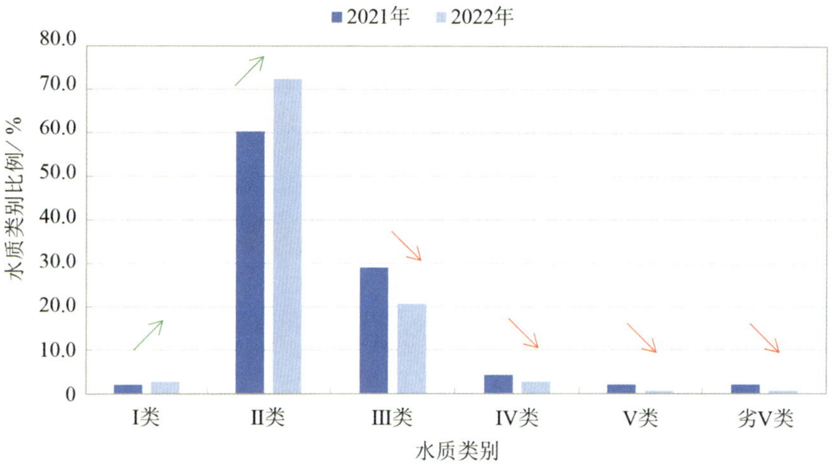


图 2-3-28　2022 年海南省河流水质状况及同比变化情况

## 二、湖库年度对比分析

与 2021 年相比，2022 年海南省十大湖库及主要中小型湖库水质状况无明显变化，水质优良湖库比例持平，Ⅳ类水质湖库比例上升 4.9 个百分点，Ⅴ类水质湖库比例下降 4.9 个百分点，均无劣Ⅴ类水质湖库。主要污染指标总磷、化学需氧量、高锰酸盐指数超Ⅲ类点位比例持平；总磷平均浓度下降 21.9%；化学需氧量平均浓度下降 18.1%，高锰酸盐指数平均浓度下降 9.2%（图 2-3-29）。

与 2021 年相比，2022 年监测的 10 个大型湖库中，红岭水库营养状态由贫营养变为中营养，其余湖库水质、营养状态均无明显变化。监测的 31 个中小型湖库中，高坡岭水库和湖山水库水质有所好转（由Ⅴ类好转为Ⅳ类），其余各中小型湖库水质无明显变化；深田水库和珠碧江水库营养状态由中营养变为轻度富营养，小南平水库营养状态由贫营养变为中营养，其余各中小型湖库营养状态无明显变化。

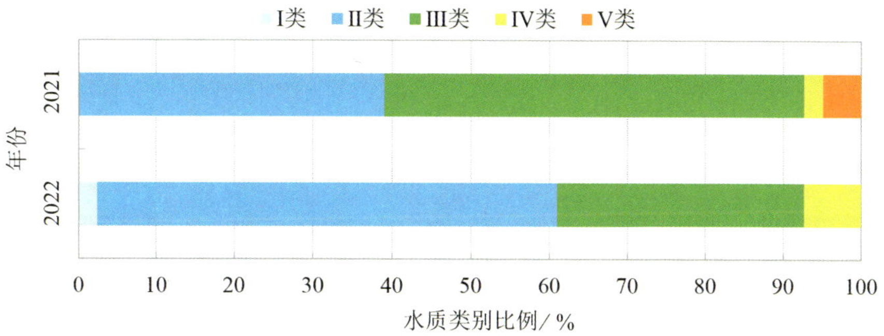


图 2-3-29　2022 年海南省湖库水质状况及同比变化情况

# 第四节　地表水环境质量年际（2016—2022 年）变化趋势分析

## 一、海南省地表水环境质量年际变化分析

2016—2022 年[①]，海南省地表水水质状况均为优，总体保持平稳。水质优良断面（点位）比例在 90.1% ～ 94.9% 波动，劣Ⅴ类水质断面（点位）比例在 0.5% ～ 1.6% 波动（图 2-3-30）。

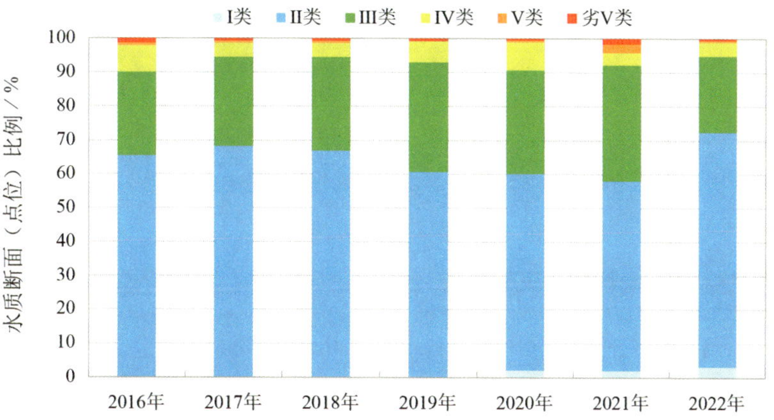


图 2-3-30　2016—2022 年海南省地表水水质类别比例

秩相关系数法分析结果表明，2016—2022 年海南省地表水各类别水质比例无显著变化趋势。

注：① 2016—2019 年，海南省地表水监测断面（点位）共 142 个，2020 年点位优化后调整至 193 个。

## 二、河流水质年际变化

### （一）河流水质状况年际变化

2016—2022 年，海南省河流水质保持为优，水质优良断面比例在 91.5% ～ 95.8% 波动，2020—2022 年优良比例小幅上升。劣 V 类水质断面比例在 0.7% ～ 2.1% 波动，其中 2016 年劣 V 类水质断面有 2 个，占比为 1.8%；2017—2019 年劣 V 类断面下降至 1 个，占比为 0.9%；2020 年劣 V 类水质断面保持 1 个，占比为 0.7%；2021 年劣 V 类水质断面升至 3 个，占比为 2.1%；2022 年劣 V 类水质断面再次降至 1 个，占比为 0.7%（图 2-3-31）。

秩相关系数法分析结果表明，2016—2022 年海南省河流各水质类别比例无显著变化趋势。

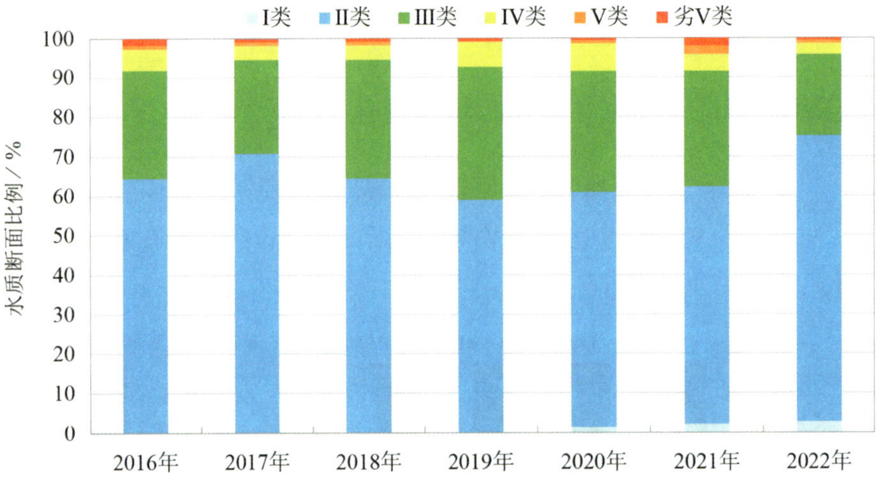


图 2-3-31　2016—2022 年海南省河流水质类别比例

### （二）河流综合污染指数年际变化

根据 2022 年海南省河流水质污染特征，选用河流水质主要定类指标总磷、化学需氧量、氨氮、高锰酸盐指数、五日生化需氧量和溶解氧对海南省主要河流进行综合污染指数变化趋势分析。

2016—2022 年，海南省河流综合污染指数在 0.37 ～ 0.45 波动，2016 年最高，2017—2021 年在 0.42 上下波动，2022 年降至 0.37。秩相关系数法分析结果表明，2016—2022 年东北部诸河和南部诸河综合污染指数下降趋势显著，其余流域综合污染指数及海南省河流均无显著变化趋势。昌化江流域综合污染指数最低，东北部诸河、西北部诸河、南部诸河综合污染指数均高于海南省河流水平，三大流域综合污染指数均低于海南省河流水平（图 2-3-33、图 2-3-34）。

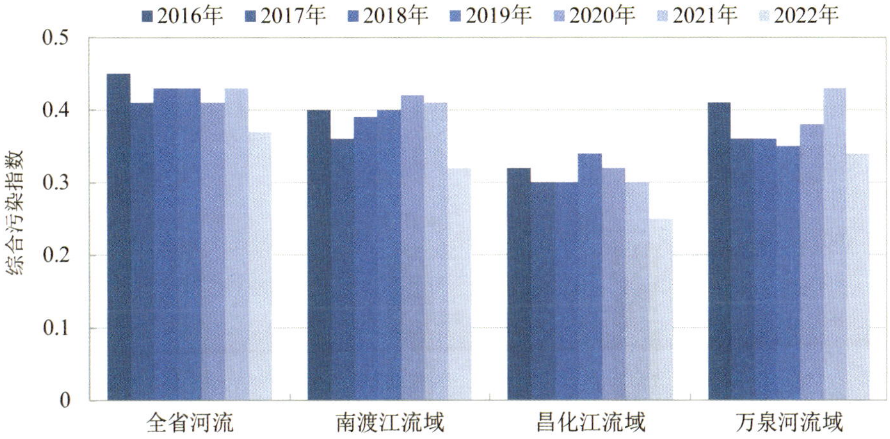


图 2-3-32 2016—2022 年海南省河流及三大流域综合污染指数变化情况

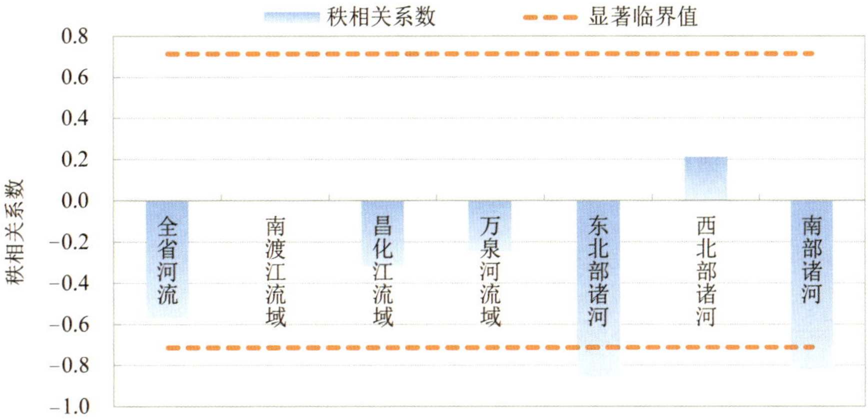


图 2-3-33 2016—2022 年海南省河流及各流域综合污染指数秩相关系数

秩相关系数法分析结果表明，2016—2022 年，保亭水、三更罗水综合污染指数上升趋势显著，南渡江、咬饭河、石碌河、北山溪、文澜河、龙首河、龙尾河、长兴河、太阳河、藤桥河、半岭水、三亚河、望楼河 13 条河流综合污染指数下降趋势显著，其余 39 条河流综合污染指数无显著变化趋势。

## 三、湖库水质年际变化分析

### （一）湖库水质状况年际变化

2016—2022 年，海南省湖库优良个数比例在 82.6% ～ 92.7% 波动，呈上升趋势。

秩相关系数法分析结果表明，海南省湖库Ⅰ～Ⅲ类水质比例和Ⅴ类水质比例上升趋势显著，其余水质类别比例无显著变化趋势（图 2-3-34）。

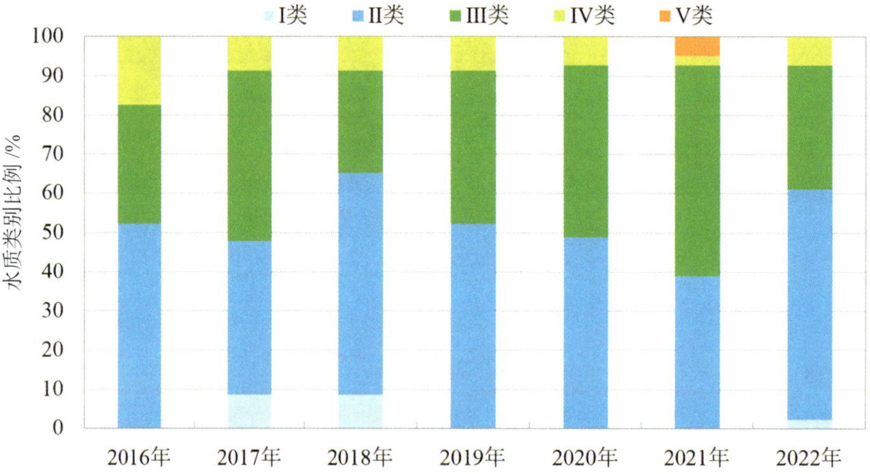


图 2-3-34　2016—2022 年海南省湖库水质类别比例

### （二）湖库综合污染指数年际变化

根据 2022 年海南省湖库水质污染特征，选用湖库水质主要定类指标高锰酸盐指数、化学需氧量、总磷、总氮和溶解氧对海南省主要湖库进行综合污染指数变化趋势分析。

2016—2022 年，海南省湖库综合污染指数在 0.39 ～ 0.47 波动，呈先降后升再下降趋势，秩相关系数法分析结果表明无显著变化趋势。

秩相关分析结果表明，2016—2022 年，高坡岭水库、珠碧江水库综合污染指数上升趋势显著，大隆水库综合污染指数下降趋势显著，其余 20 个湖库综合污染指数无显著变化趋势。

# 第五节 水质自动监测站水质状况

截至2022年年底，海南省已建成74个水质自动监测站（以下简称水站），其中包括33个国控水站、29个饮用水水源地水站、9个流域生态补偿断面水站和3个省控断面水站，基本实现了对海南省国控断面、县级以上饮用水水源地及主要流域生态补偿断面水质的实时监控。按照管理权限，分为国家级管理、省级管理和市县级管理。

## 一、国控水站

33个国控水站中，24个水站水质为优，占比为72.7%；6个水站水质为良好，占比为18.2%；3个水站水质为轻度污染，占比为9.1%。坡柳水闸水站水质为轻度污染，主要污染指标为高锰酸盐指数和总磷；后山村水站水质为轻度污染，溶解氧含量偏低；罗带铁路桥水站水质为轻度污染，主要污染指标为总磷和高锰酸盐指数。

## 二、省控及市县控水站

36个省控及市县控水站中，28个水站水质为优，占比为77.8%；7个水站水质为良好，占比为19.4%；1个水站水质为轻度污染，占比为2.8%。湖山水库出口水站水质为轻度污染，主要污染指标为高锰酸盐指数（图2-3-35）。

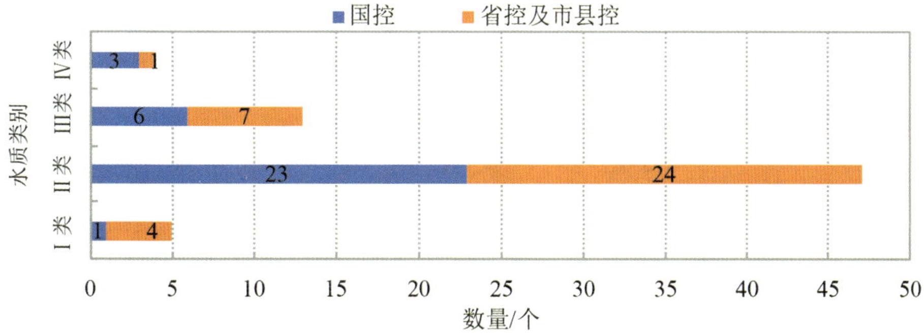


图2-3-35 2022年海南省各水质水站数量

# 第六节 水功能区达标情况

2022 年，海南省 65 个水功能区中，59 个水功能区达到相应水质目标，达标率为 90.8%；24 个国家重要水功能区中，21 个水功能区达到相应水质目标，达标率为 87.5%。

海南省 17 个市县（不含三沙市、屯昌县）中，昌江、澄迈、定安、东方、海口、乐东、临高、陵水、琼海、三亚、文昌、五指山 12 个市县水功能区达标率均为 100%；白沙、琼中、保亭、儋州、万宁 5 个市县存在超标水功能区，达标率为 60.0% ～ 80.0%（图 2-3-36 ）。

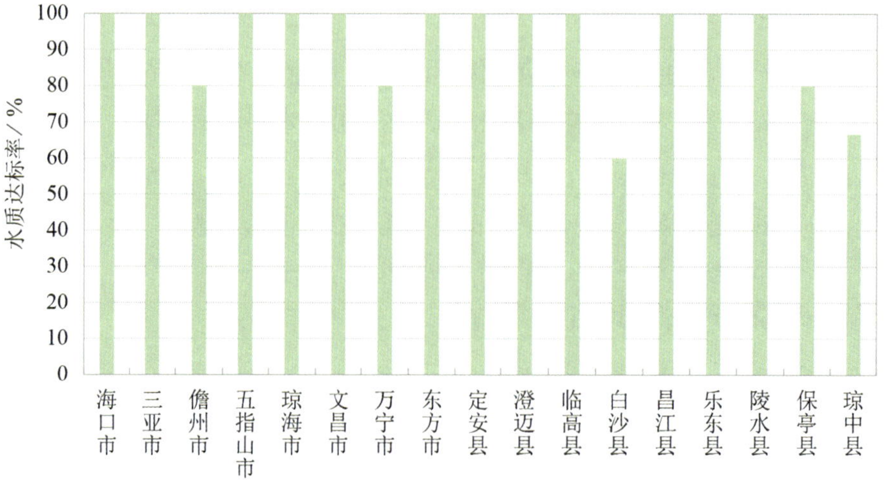


图 2-3-36 2022 年海南省各市县水功能区水质达标情况

# 第七节 变化原因分析

## 一、“六水共治”初见成效，水质优良比例达到新高

国家生态文明试验区（海南）新的标志性工程“六水共治”于 2022 年年初全面启动，开始呈现“治污水”新局面。一是多措并举，建立完善帮扶机制。制定实施《水生态环境问题发现和推动解决会商预警工作机制》，通过线上线下相结合的方式开展水质会商，通过水质数据分析、预警提示、跟踪督办等方式，推动市县水污染问题早发现、早响应、

早消除。二是精准施策，夯实治水根基。海南省共排查出入河排污口 4 606 个，实行排污口动态清单管理；针对文昌珠溪河、琼海双沟溪等重度污染水体，就水体污染治理、推进养殖产业转型升级等开展多轮“点对点”专项帮扶。三是靠前督导，压实治水主体责任。先后发布“儋州市城区污水收集处理不到位，水环境问题突出”和“琼海市双沟溪整治成效不明显，水体污染依然严重”两宗涉水典型案件，推动水污染问题实现彻底整改。

通过一年的治水攻坚行动，一批长期制约水体水质提升的突出环境问题得到妥善解决。保亭县完成了保亭河沿线生活污水管网破损修补和解决污水溢流直排问题，保亭河新星农场断面水质由 2021 年的劣Ⅴ类稳定提升到Ⅲ类及以上；儋州市完成北门江沿线末端生活污水截污，北门江侨植桥和中和桥 2 个地表水断面水质由 2021 年劣Ⅴ类稳定提升到Ⅲ类；琼海市双沟溪沿线生活污水排污口基本完成截流，水质呈逐渐向好趋势。水环境质量总体稳中向好目标全面完成，水质优良比例达到有监测历史以来最高水平。

## 二、污水管网建设不完善，部分水体汛期污染问题凸显

海南省城镇生活污水处理设施及配套管网建设不全面、收集率低。2022 年，11 个市县城市生活污水集中收集率不足 50%，10 个市县农村生活污水治理率不足 50%，大量生活污水直排入河，河流水体污染负荷居高不下，难以保证水质稳定优良。部分水体汛期污染问题突出，各市县均受到不同程度汛期污染影响，石碌水库等部分水体受污染程度较重，汛期面源污染问题突出。

## 三、农业产业转型升级缓慢，农业面源问题突出

农业种植使用的各种化肥、农药通过地表径流直接排入河道，2022 年海南省化肥施用量高达百万吨、农药施用量达万吨；畜禽养殖散养过程中，大量畜禽散布在河道边及河道内随意排放粪便。2022 年各市县畜禽粪污综合利用率均不超过 90%；部分水产养殖尾水未经过达标处理就通过排水沟或渠直接进入水体。

海南省涉农污染治理滞后，传统农业产业转型升级缓慢，畜禽水产养殖污染和农业种植面源污染问题突出，导致珠溪河等流域水质仍长期处于污染状态。

# 第八节 小结

## 一、海南省地表水水质持续为优，总体优中向好

2022 年，海南省地表水环境质量持续为优。水质优良比例为 94.9%，同比上升 2.7 个百分点，达到有监测历史以来最高水平；劣Ⅴ类水质比例为 0.5%，同比下降 1.1 个百分点，劣Ⅴ类水质断面数量较 2021 年减少 2 个。超Ⅲ类水质主要污染指标为总磷、高锰酸盐指数、化学需氧量，平均浓度分别为 0.074 mg/L、3.0 mg/L、11.0 mg/L。

2016—2022 年，海南省地表水水质状况均为优，总体保持平稳。东北部诸河和南部诸河综合污染指数下降趋势显著，其余流域及海南省河流综合污染指数无显著变化趋势。高坡岭水库、珠碧江水库综合污染指数上升趋势显著，大隆水库综合污染指数下降趋势显著，其余 20 个湖库及海南省湖库综合污染指数无显著变化趋势。

## 二、大部分河流水质优良，少数河流水质污染

2022 年，南渡江、昌化江、万泉河流域和西北部、南部诸河水质为优，东北部诸河水质良好。其中，东北部珠溪河持续重度污染，东北部文教河和南部东山河持续轻度污染，南部罗带河水质由中度污染好转为轻度污染。与 2021 年相比，2022 年南渡江、昌化江流域和南部、南海各岛诸河水质保持稳定，万泉河流域和西北部诸河水质有所好转，东北部诸河水质明显好转。

## 三、海南省湖库水质持续为优，个别湖库受氮磷影响增强

2022 年，海南省 41 个主要湖库中，水质优良的湖库有 38 个，占比为 92.7%，高坡岭水库、湖山水库和珠碧江水库轻度污染；高坡岭水库、湖山水库、珠碧江水库、石门水库、深田水库呈轻度富营养状态，其余 36 个湖库呈中营养状态。与 2021 年相比，2022 年高坡岭水库和湖山水库水质由Ⅴ类好转为Ⅳ类，珠碧江水库水质保持Ⅳ类，其余湖库水质保持优良；个别湖库总体受氮磷影响增强，深田水库和珠碧江水库营养状态由中营养变为轻度富营养。

## 四、海南省地表水主要污染指标同比均有所下降，平水期污染物浓度下降显著

海南省地表水主要污染指标为总磷、高锰酸盐指数、化学需氧量。与2021年相比，2022年总磷平均浓度下降6.5%，高锰酸盐指数平均浓度下降8.6%，化学需氧量平均浓度下降19.0%。东北部诸河主要污染指标浓度均为各流域中最高，河流主要污染指标浓度丰水期后期至平水期（8—12月）浓度下降趋势明显，湖库主要污染指标丰水期末至平水期（9—12月）浓度有下降趋势。

## 专栏4

### 立足会商预警做好“吹哨人”，助力水环境质量提升

为深入贯彻习近平生态文明思想和习近平总书记关于海南生态文明建设的系列重要指示批示精神，落实海南省委、省政府关于治水攻坚的决策部署，将治污水作为治水攻坚的“主战场”，海南省生态环境厅集中力量重点突破、主动作为。自2022年1月起，海南省每月组织省“治水办”、市县“治水办”及生态环境局开展水环境质量会商工作，通过会商机制来加强各部门间沟通和协作，提升工作效率，更好地落实工作部署，确保水污染防治工作落到实处、取得实效。

海南省生态环境监测中心根据治水攻坚的总体工作部署于年初制订了治水攻坚监测方案，组织各市县按照方案监测并发挥技术优势，履行监测“吹哨人”职责，每月第一时间梳理海南省环境水环境质量总体状况及达标情况，筛选出重点超标断面或存在超标风险的断面进行溯源监测、原因分析、超标预警，通过早发现、早预警、早治理，推动水污染防治工作有的放矢，有效发力。

2022年海南省共开展11期水环境质量会商会议，针对珠溪河、巡崖河、罗带河、宝陵河、望楼河等地表问题水体以及超标的城镇内河（湖）水体进行重点会商。通过水环境质量会商，对问题水体所在市县提出整改要求，各市县也可以第一时间掌握本辖区内水环境质量，摸清“家底”，有针对性地对辖区内问题断面水体进行整改。

经过一年的努力，海南省治水办、省生态环境厅、省水务厅以及责任市县协同发力，不断改善水环境质量和完善会商工作机制，有效保障“六水共治”落在实处。

# 专栏 5

## 市县交界断面水质总体为优

2022 年，海南省交界断面水质监测覆盖流域面积 50 $km^2$ 以上的跨市县河流和总库容 0.5 亿 $m^3$ 以上的跨市县湖库，涉及 33 条河流 45 个断面、7 座湖库 8 个点位，共计 53 个断面。根据《海南省流域上下游横向生态保护补偿实施方案》（琼府办函〔2020〕383 号），对流域面积 500 $km^2$ 及以上跨市县河流湖库和重要集中式饮用水水源开展生态保护补偿。主要包括南渡江、昌化江、万泉河、松涛水库、赤田水库、牛路岭水库等，涉及海南省 17 个市县的 9 条河流 14 个断面、4 个湖库 4 个点位，共计 18 个断面。

海南省 53 个市县交界断面总体水质为优，水质优良断面 49 个，占比为 92.5%，同比上升 5.7 个百分点；Ⅳ类水质断面 4 个，占比为 7.5%，同比持平；无Ⅴ类水质断面，同比下降 1.9 个百分点；无劣Ⅴ类水质断面，同比下降 3.8 个百分点。其中，巡崖河龙湖镇、岭后河加京村、珠碧江水库出口、光吉河四行村 4 个断面（点位）水质为轻度污染，超标断面责任分属定安、儋州、白沙 3 个市县。主要污染指标为总磷、化学需氧量、高锰酸盐指数，断面超标率分别为 7.5%、1.9%、1.9%，同比分别下降 1.9、5.6、5.6 个百分点；平均浓度分别为 0.077 mg/L、10.2 mg/L、2.9 mg/L，同比分别下降 15.1%、25.0%、13.5%。

18 个流域上下游横向生态保护补偿断面中，水质达标率为 88.9%，同比上升 5.6 个百分点。其中，白沙石碌水库入口、儋州文澜河光吉村 2 个断面（点位）水质不达标。与 2021 年相比，2022 年临高大塘河龙兴村断面水质有所好转。

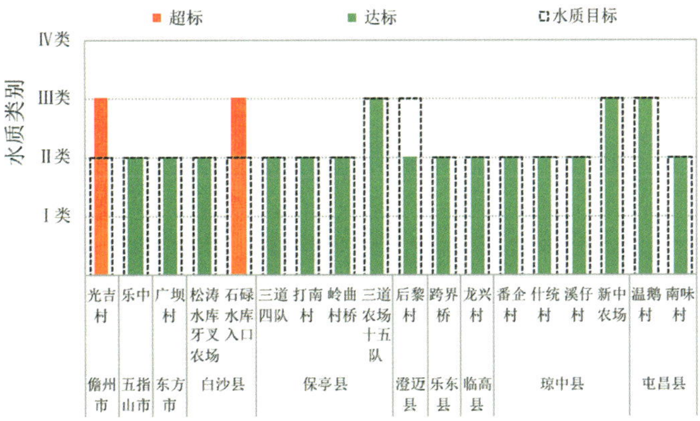


2022 年海南省流域补偿断面水质及达标情况

## 专栏6

### 河湖长制河流湖库水质以优良为主

2022年，海南省河湖长制水质监测覆盖51条省级“河长制”河流和4个省级“湖长制”湖库，共布设121个监测断面（点位）。

51条省级“河长制”河流中，47条水质为优良，4条河流受到不同程度的污染。海南省51条省级“河长制”河流中，32条河流水质为优，分别为南渡江、昌化江、万泉河、卜南河、大塘河、美龙河、永丰水、腰子河、西昌溪、石滩河、贤水、南水吉沟、石碌河、定安河、沟门村水、珠碧江、陵水河、金聪河、板来河、宁远河、雅边方河、龙潭河、藤桥河、藤桥西河、文昌江、古城河、龙滚河、北山溪、长兴河、白石溪、沙荖河、松涛东干渠；15条河流水质为良好，分别为新吴溪、洋坡溪、巡崖河、塔洋河、加浪河、文曲河、打拖河、大岭河、文澜河、尧龙河、九曲江、光村水、英州河、文科河、老城河；3条河流水质为轻度污染，分别为岭后河、光吉河、文教河；1条河流水质为重度污染，为南洋河。

4个省级“湖长制”湖库中，松涛水库、大广坝水库、戈枕水库3个水库总体水质均为优、中营养，牛路岭水库总体水质为良好、中营养。

与2021年相比，2022年岭后河水质由重度污染改善为轻度污染；光吉河水质由中度污染好转为轻度污染；塔洋河水质由中度污染好转为良好；美龙河、腰子河水质均由轻度污染好转为优；洋坡溪、英州河水质均由轻度污染好转为良好，其余河流水质无明显变化。戈枕水库水质由良好好转为优，营养状况无明显变化，其余3个水库水质和营养状态均无明显变化。

## 专栏 7

### 城镇内河（湖）水质保持治理以来最高水平

2022 年，海南省城镇内河（湖）共监测 77 条河流 93 个断面、11 个湖库 11 个点位，共计 88 条水体，104 个断面。

104 个断面中，98 个断面达到相应水质目标，水质达标率为 94.2%，同比持平。6 个断面水质未达标，5 个断面水质未消除劣Ⅴ类，超标断面分别是琼海市双沟溪的嘉积中学分校和甲岭村桥，东方市罗带河罗带桥，陵水县椰林镇安马大排沟，文昌市港尾沟清澜一小（均为劣Ⅴ类），琼海市塔洋河礼都村（Ⅴ类）。

104 个断面中，水质优良（Ⅰ～Ⅲ类）断面（点位）58 个，占比为 55.8%，同比上升 11.5 个百分点；Ⅳ类水质断面 24 个，占比为 23.1%，同比下降 11.5 个百分点；Ⅴ类水质断面 17 个，占比为 16.3%，同比上升 1.0 个百分点；劣Ⅴ类水质断面 5 个，占比为 4.8%，同比下降 1.0 个百分点。主要污染指标为总磷、氨氮和化学需氧量。

# 第四章　饮用水水源地

2022 年，海南省 33 个县级以上城市（镇）集中式饮用水水源地以地表水为主要水源，其中地表水水源地 32 个，地下水水源地 1 个，水质达标率为 100%。

按取水量评价，全年取水量 65 267.17 万 $m^3$（地表水水源地取水量 65 112.17 万 $m^3$，地下水水源地取水量 155.00 万 $m^3$），取水量达标率 100%。与 2021 年相比，2022 年海南省 33 个县级以上城市（镇）集中式饮用水水源地水质达标率保持为 100%（图 2-4-1）。

按年均值评价，海南省 33 个县级以上城市（镇）集中式饮用水水源地水质以Ⅱ类为主。其中，Ⅰ类水质饮用水水源地占比为 9.1%，同比上升 6.0 个百分点；Ⅱ类水质饮用水水源地占比为 72.7%，同比下降 2.3 个百分点；Ⅲ类水质饮用水水源地占比为 18.2%，同比下降 3.7 个百分点（图 2-4-2）。

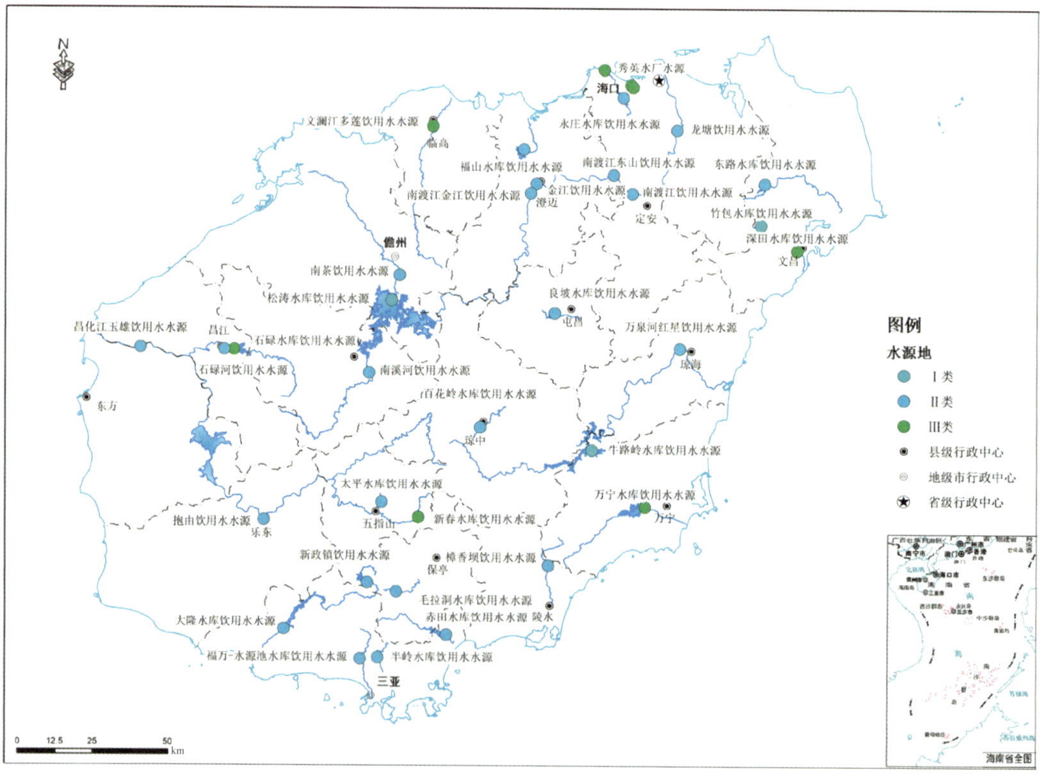


图 2-4-1　2022 年海南省城市（镇）集中式饮用水水源地水质状况

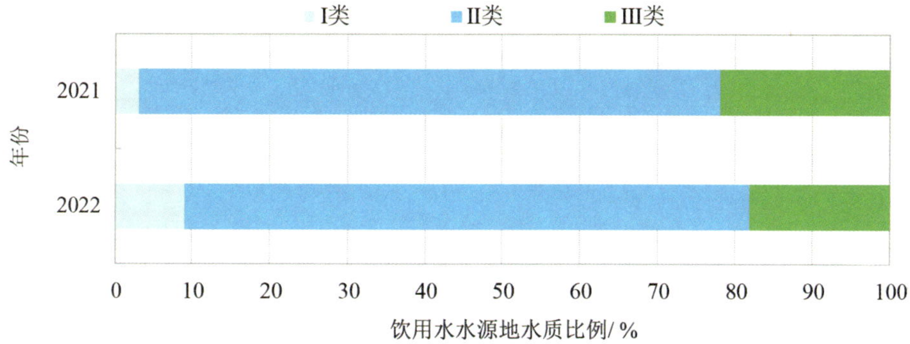


图 2-4-2　2022 年海南省城市（镇）集中式饮用水水源地水质类别比例及同比变化情况

# 第五章　地下水

2022 年，海南省地下水环境质量总体较好。海南省 75 个地下水环境质量监测点位中，Ⅱ～Ⅳ类水质比例为 90.7%。其中，Ⅱ类水质的点位有 3 个，占比为 4.0%；Ⅲ类水质的点位有 24 个，占比为 32.0%；Ⅳ类水质的点位有 41 个，占比为 54.7%；Ⅴ类水质的点位有 7 个，占比为 9.3%。Ⅴ类水质主要定类指标为 pH、锰、氯化物（图 2-5-1）。

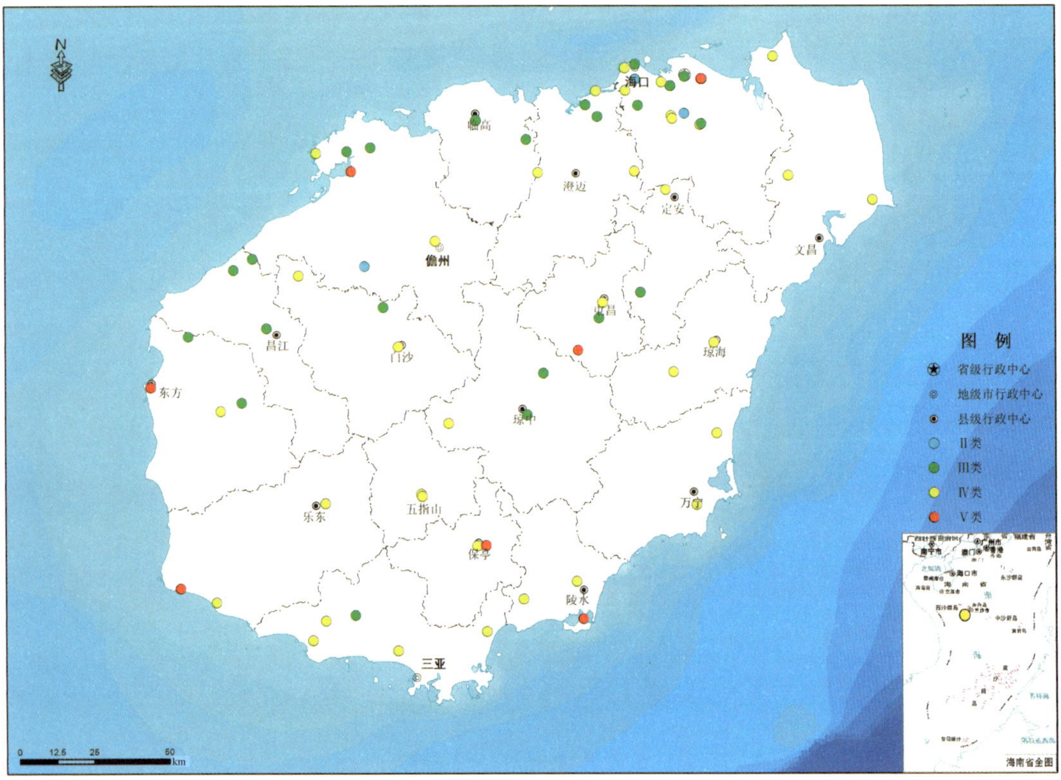


图 2-5-1　2022 年海南省地下水水质状况

与 2021 年相比，2022 年海南省地下水水质总体保持稳定，Ⅱ～Ⅳ类水质比例上升 3.0 个百分点，Ⅴ类水质比例下降 3.0 个百分点。其中Ⅱ类水质下降 7.0 个百分点，Ⅲ类水质下降 2.2 个百分点，Ⅳ类水质上升 12.2 个百分点，Ⅴ类水质下降 3.0 个百分点（图 2-5-2）。

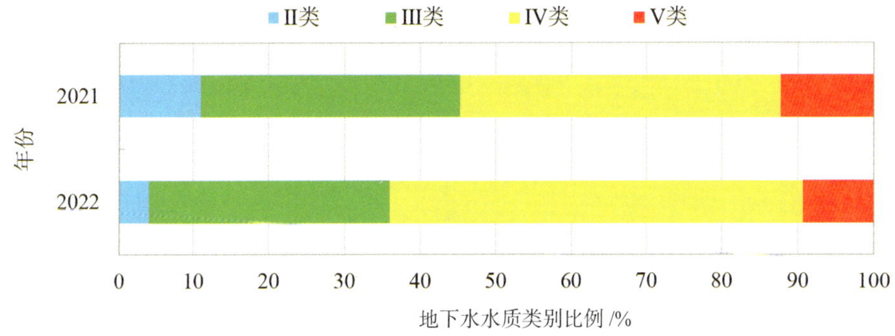


图 2-5-2　2022 年海南省地下水水质类别比例及同比变化情况

# 第六章　土壤

2021—2022 年，海南省土壤环境质量总体良好。402 个土壤环境质量点位中，低于风险筛选值的点位占比为 80.8%，介于风险筛选值和风险管制值之间的点位占比为 18.4%，高于风险管制值的点位占比为 0.8%（图 2-6-1）。

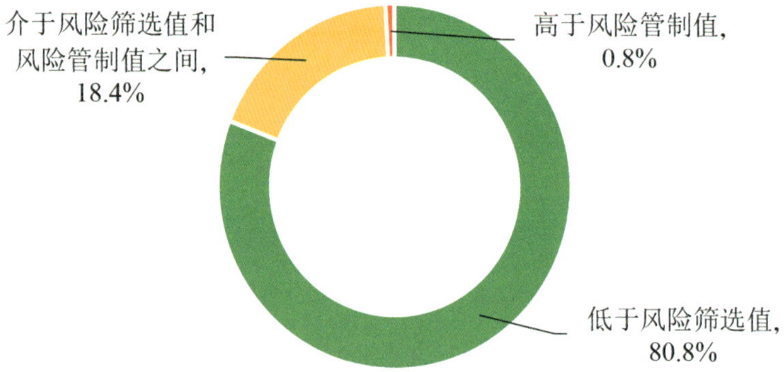


图 2-6-1　2021—2022 年海南省土壤环境质量状况

# 第七章　海洋

2022 年，海南省近岸海域水质为优，国家重点海水浴场水质均为优良；沉积物综合质量等级为良好；珊瑚礁生态系统处于健康状态，海草床生态系统处于亚健康状态。与 2021 年相比，2022 年海南省近岸海域水质、典型生态系统健康状态保持稳定。

## 第一节　近岸海域

### 一、近岸海域水质现状

#### （一）水质状况

2022 年，海南省近岸海域海水水质总体为优，优良水质面积比例为 99.60%[①]。其中一类水质面积比例为 98.10%，二类水质面积比例为 1.50%，三类水质面积比例为 0.05%，四类水质面积比例为 0.18%，劣四类水质面积比例为 0.17%。主要污染指标为化学需氧量、活性磷酸盐、无机氮。

海南省近岸海域水质出现超标的指标为化学需氧量、活性磷酸盐、无机氮。其中，化学需氧量含量超标主要出现在文昌清澜湾、万宁小海、儋州新英湾、海口湾；活性磷酸盐含量超标主要出现在陵水新村湾、儋州新英湾、文昌清澜湾；无机氮含量超标主要出现在儋州新英湾和海口湾、文昌清澜湾（图 2-7-1 ～图 2-7-3）。

① 海南省近岸海域优良水质面积比例极高，为表现各类水质面积差异，面积比例特保留两位小数。年度比例由春、夏、秋 3 个季节数据计算。

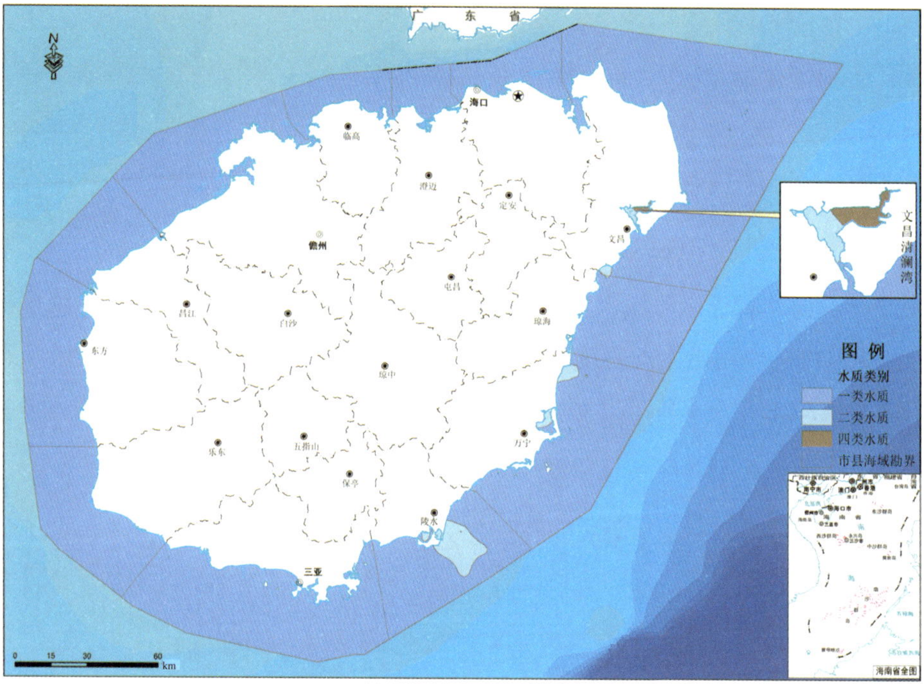


图 2-7-1　2022 年春季海南省近岸海域水质面积分布

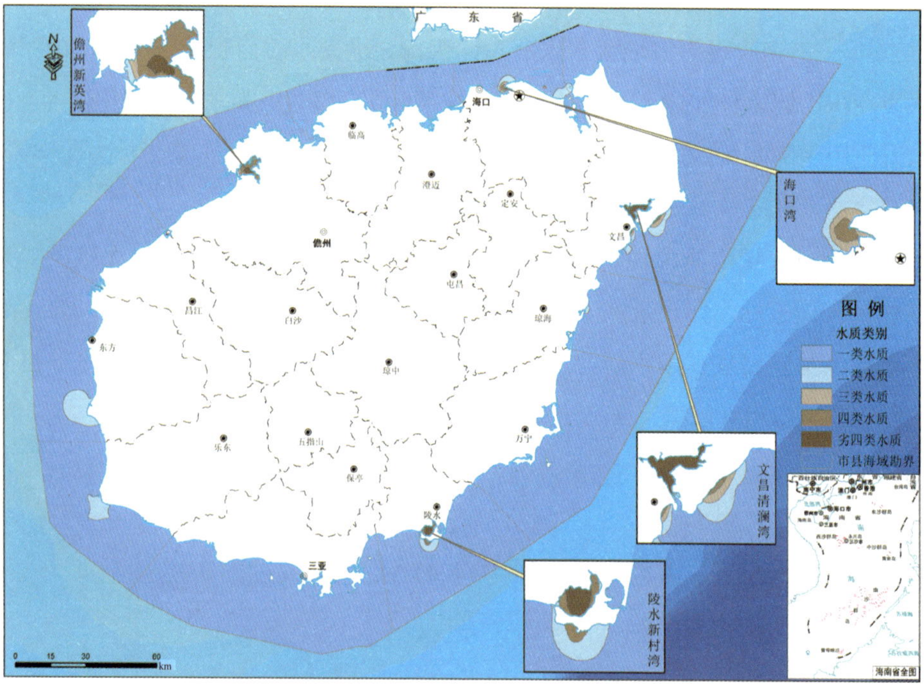


图 2-7-2　2022 年夏季海南省近岸海域水质面积分布

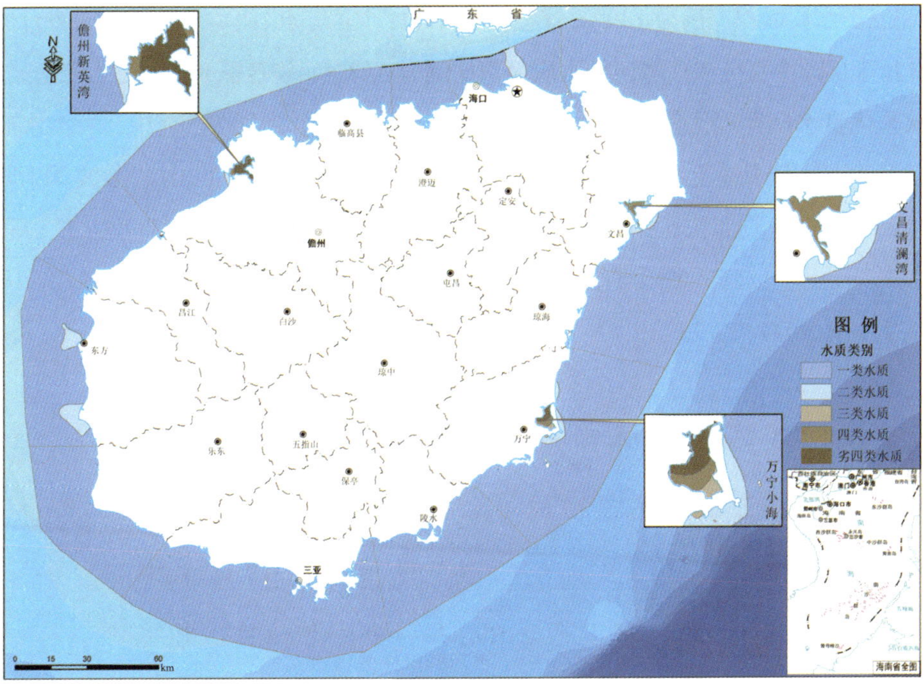


图 2-7-3　2022 年秋季海南省近岸海域水质面积分布

### （二）富营养化状况

2022 年，海南省近岸海域呈富营养化状态的海域面积为 86.6 km$^2$。其中轻度富营养、中度富营养、重度富营养海域面积分别为 50.5 km$^2$、12.0 km$^2$、24.1 km$^2$。呈富营养化状态的海域主要分布在文昌清澜湾、儋州新英湾、海口湾、陵水新村湾、万宁小海近岸海域。

## 二、近岸海域水质时空变化规律分析

### （一）水质时空变化规律分析

#### 1. 春季、夏季、秋季水质状况

2022 年，海南省近岸海域春季总体水质较好，其中一类、二类水质比例较高，三类、四类、劣四类水质比例均较低。

春季优良水质面积比例为 99.93%，其中一类水质面积比例为 98.25%，二类水质面积比例为 1.68%，四类水质面积比例为 0.07%，无三类、劣四类水质。

夏季优良水质面积比例为 99.40%，较春季下降 0.53 个百分点。其中，一类水质面积比例为 97.89%，较春季下降 0.36 个百分点；二类水质面积比例为 1.51%，较春季下降 0.17 个

百分点；三类水质面积比例为 0.12%，较春季上升 0.12 个百分点；四类水质面积比例为 0.25%，较春季上升 0.18 个百分点；劣四类水质面积比例为 0.23%，较春季上升 0.23 个百分点。

秋季优良水质面积比例为 99.46%，较夏季上升 0.06 个百分点。其中，一类水质面积比例为 98.16%，较夏季上升 0.27 个百分点；二类水质面积比例为 1.30%，较夏季下降 0.21 个百分点；三类水质面积比例为 0.03%，较夏季下降 0.09 个百分点；四类水质面积比例为 0.23%，较夏季下降 0.02 个百分点；劣四类水质面积比例为 0.28%，较夏季上升 0.05 个百分点（图 2-7-4）。

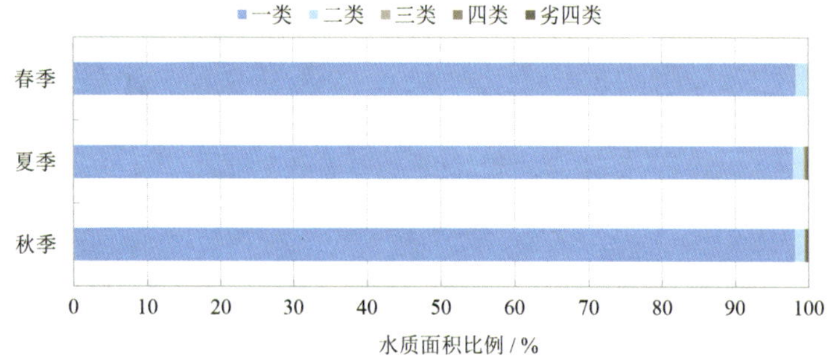


图 2-7-4　2022 年春季、夏季、秋季海南省近岸海域水质面积比例

## 2. 各海区水质状况

2022 年，海南省近岸海域各海区海水水质均为优。其中，西沙群岛海区水质优良面积比例为 100%，南部海区、东部海区、北部海区、西部海区水质优良面积比例分别为 99.88%、99.73%、99.60%、99.43%。

水质最好的海区为西沙群岛，其次为南部海区、东部海区、北部海区，西部海区水质最差。其中，西部海区、东部海区、北部海区、南部海区近岸海域均出现劣四类水质，主要出现在西部儋州新英湾、东部万宁小海、北部文昌清澜湾、南部陵水新村湾近岸海域（图 2-7-5）。

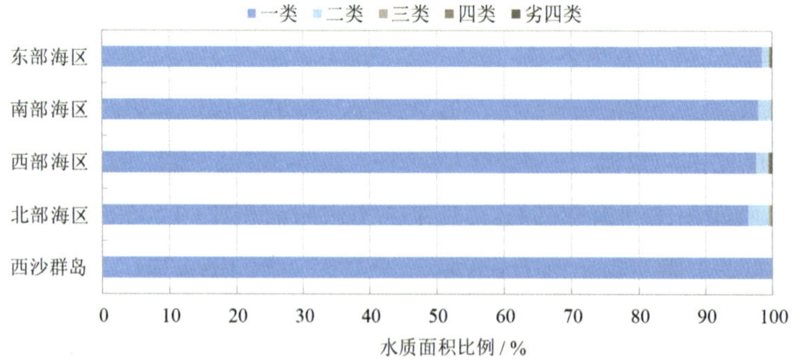


图 2-7-5　2022 年海南省各海区近岸海域水质状况

### 3. 沿海市县水质

2022 年，海南省 13 个沿海市县水质均为优。儋州、海口、文昌、万宁、陵水 5 个市县近岸海域优良水质面积比例为 98.31% ～ 99.56%，其余 8 个市县优良水质面积比例均为 100%。其中，三沙、昌江、临高、澄迈 4 个市县近岸海域水质均为一类。

劣于二类的水质主要出现在儋州新英湾、海口湾、文昌清澜湾、万宁小海、陵水新村湾近岸海域（图 2-7-6）。

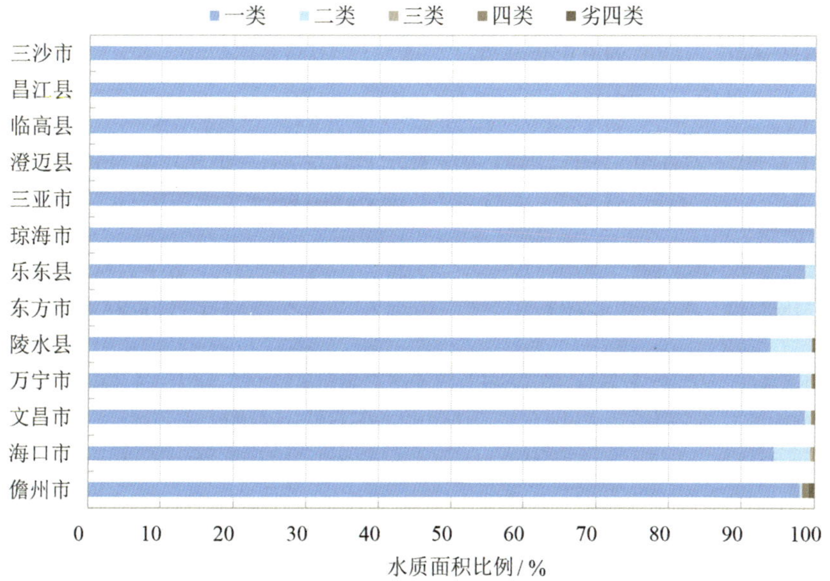


图 2-7-6　2022 年海南省各沿海市县近岸海域水质状况

## （二）主要超标指标浓度时空变化规律

2022 年春季，海南省近岸海域主要超标指标为活性磷酸盐，劣于二类的水质出现在文昌清澜湾近岸海域；夏季，海南省近岸海域主要超标指标为化学需氧量、活性磷酸盐、无机氮，劣于二类的水质出现在文昌清澜湾、陵水新村湾、儋州新英湾、海口湾近岸海域；秋季，海南省近岸海域主要超标指标为化学需氧量、活性磷酸盐、无机氮，劣于二类的水质出现在万宁小海、儋州新英湾、文昌清澜湾近岸海域。

总体而言，2022 年海南省近岸海域春季水质污染程度较低，夏季水质污染程度相对较重，秋季水质污染程度相对夏季有所下降。

### 1. 主要超标指标时间变化

2022 年春季，海南省近岸海域活性磷酸盐浓度为 0.001 ～ 0.038 mg/L，均值为

0.003 mg/L；夏季，活性磷酸盐浓度为 0.001 ～ 0.061 mg/L，均值为 0.006 mg/L；秋季，活性磷酸盐浓度为 0.001 ～ 0.054 mg/L，均值为 0.007 mg/L。

2022 年春季，海南省近岸海域化学需氧量浓度为 0.36 ～ 2.83 mg/L，均值为 0.98 mg/L；夏季，化学需氧量浓度为 0.24 ～ 17.4 mg/L，均值为 1.51 mg/L；秋季，化学需氧量浓度为 0.15 ～ 6.55 mg/L，均值为 0.96 mg/L。

2022 年春季，海南省近岸海域无机氮浓度为 0.007 ～ 0.178 mg/L，均值为 0.024 mg/L；夏季，无机氮浓度为 0.007 ～ 0.468 mg/L，均值为 0.037 mg/L；秋季，无机氮浓度为 0.006 ～ 0.516 mg/L，均值为 0.050 mg/L。

2. 主要超标指标空间变化

2022 年，超二类标准的活性磷酸盐主要分布在陵水新村湾、儋州新英湾、文昌清澜湾等近岸海域，最大超标倍数为 1.0，出现在夏季陵水新村湾近岸海域。

2022 年，超二类标准的化学需氧量主要分布在文昌清澜湾、万宁小海、儋州新英湾、海口湾等近岸海域，最大超标倍数为 4.8，出现在夏季文昌清澜湾近岸海域。

2022 年，超二类标准的无机氮主要分布在儋州新英湾、海口湾、文昌清澜湾等近岸海域，最大超标倍数为 0.7，出现在秋季儋州新英湾近岸海域。

文昌清澜湾近岸海域活性磷酸盐浓度在春、夏、秋 3 个季节均超过二类标准，并呈现由内湾逐渐向外扩散的趋势。其中，春季活性磷酸盐浓度最低，夏季浓度最高。

儋州新英湾近岸海域无机氮浓度在春季未出现超标情况，但在夏季、秋季浓度均超过二类标准，污染范围几乎不变。随着时间的推移，无机氮污染不断积累，水质类别从夏季的四类下降至秋季的劣四类。

化学需氧量指标在春、夏、秋 3 个季节的超标海域有所不同。其中，春季的化学需氧量浓度均无超标，夏季出现化学需氧量浓度超标的海域最多，秋季化学需氧量浓度超标仅出现在万宁小海近岸海域。夏季的化学需氧量的污染不仅范围最广，而且污染程度最高，最大超标倍数为 4.8，出现在文昌清澜湾近岸海域。

## 三、近岸海域水质年度对比分析

与 2021 年相比，2022 年海南省近岸海域水质稳定为优，一类、二类水质面积比例变化较大。其中，优良水质面积比例下降 0.17 个百分点，一类水质面积比例下降 1.27 个百分点，二类、三类、四类、劣四类水质面积比例分别上升 1.10、0.03、0.04、0.10 个百分点（图 2-7-7）。

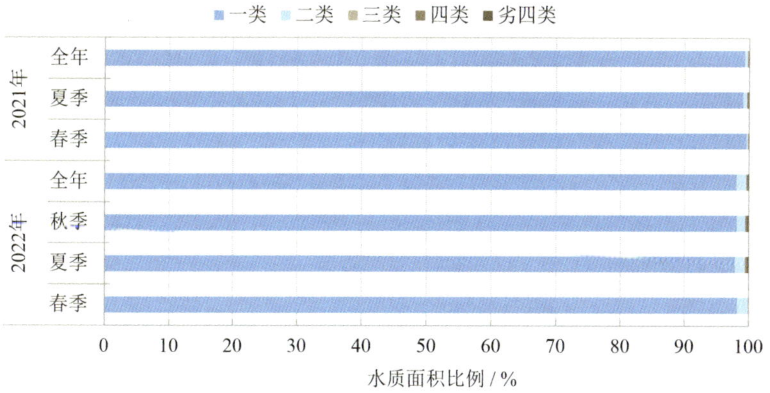

图 2-7-7 2022 年海南省近岸海域水质面积同比变化情况

与 2021 年相比，2022 年海南省近岸海域呈富营养化状态的海域面积增加 53.8 $km^2$。其中，轻度富营养、中度富营养、重度富营养海域面积分别增加 33.4 $km^2$、0.7 $km^2$、19.7 $km^2$。

## 四、近岸海域水质年际（2016—2022 年）变化趋势分析

### （一）水质年际变化趋势

2016—2022 年，海南省近岸海域海水水质稳定为优，优良水质面积比例均保持在 99% 以上。其中，2018 年、2019 年优良水质面积比例相对较低，分别为 99.40%、99.04%，其余年份保持在 99.80% 上下。劣四类水质面积比例呈小幅波动变化，2018—2022 年均出现劣四类水质，比例呈波动变化（图 2-7-8）。

与 2016 年相比，2022 年海南省近岸海域水质保持为优，优良水质面积比例下降 0.28 个百分点，劣四类水质面积比例上升 0.17 个百分点（图 2-7-9）。

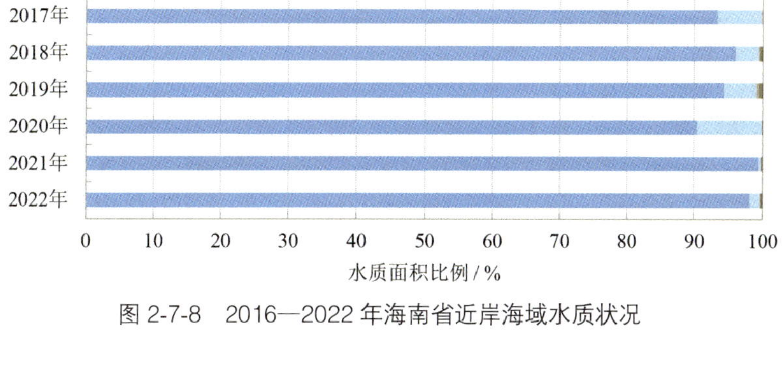

图 2-7-8 2016—2022 年海南省近岸海域水质状况

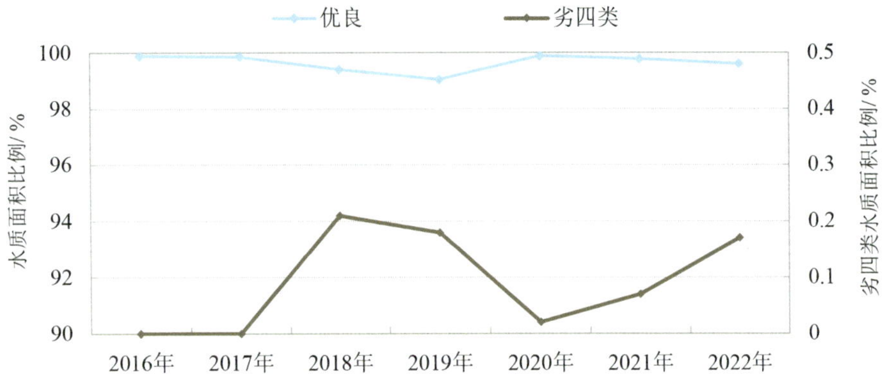


图 2-7-9　2016—2022 年海南省近岸海域水质面积比例变化情况

## （二）超标指标年际变化趋势分析

2016—2022 年，海南省近岸海域海水水质超标指标主要为活性磷酸盐、化学需氧量、无机氮。

### 1. 活性磷酸盐

2016—2022 年，2016 年春季、2016 年夏季、2017 年春季、2020 年春季近岸海域活性磷酸盐含量未出现超标现象，其余超标的各年份、各季节中，活性磷酸盐超标率为 0.4% ～ 8.0%，最高值出现在 2018 年夏季，最大超标倍数出现在 2018 年夏季万宁小海监测点位（图 2-7-10）。

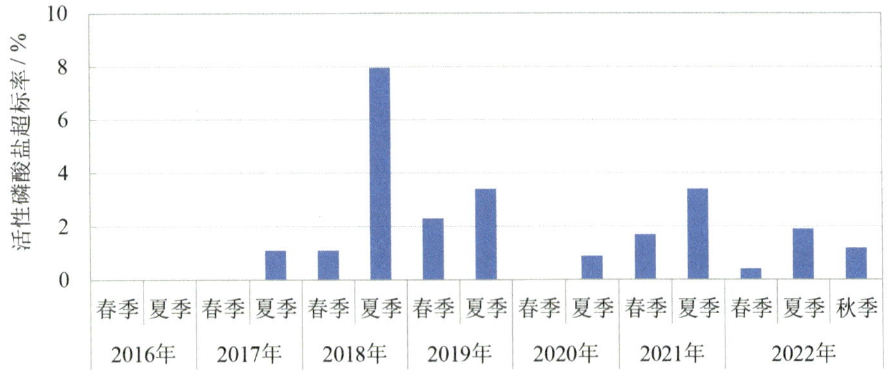


图 2-7-10　2016—2022 年海南省近岸海域活性磷酸盐超标率变化情况

### 2. 化学需氧量

2016—2022 年，2016 年春季、2016 年夏季、2017 年春季、2020 年春季、2021 年夏季、2022 年春季近岸海域化学需氧量含量未出现超标现象，其余超标的各年份、各季节中，化学需氧量超标率为 0.6% ～ 3.4%，最高值出现在 2018 年夏季至 2019 年夏季，最大超标倍数出现在 2022 年夏季文昌清澜湾监测点位（图 2-7-11）。

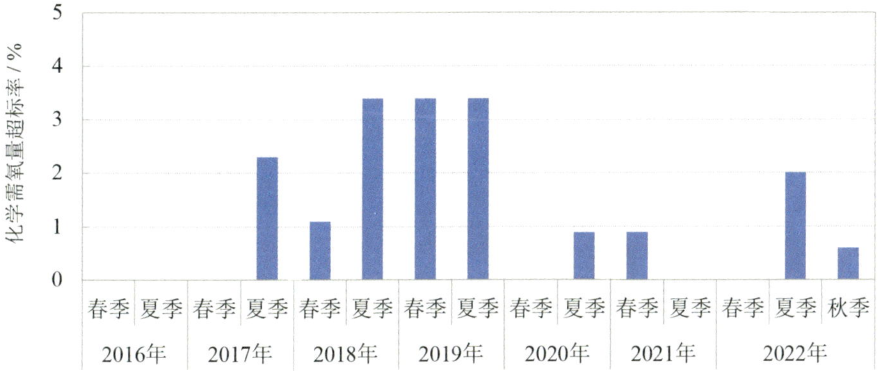


图 2-7-11　2016—2022 年海南省近岸海域化学需氧量超标率变化情况

### 3. 无机氮

2016—2022 年，2016 年春季、2017 年春季、2018 年春季、2019 年夏季、2020 年夏季、2021 年春季、2022 年春季近岸海域无机氮含量未出现超标现象，其余超标的各年份、各季节中，无机氮超标率为 0.9% ～ 3.4%，最高值出现在 2017 年夏季和 2018 年夏季，最大超标倍数出现在 2018 年夏季三亚榆林港监测点位（图 2-7-12）。

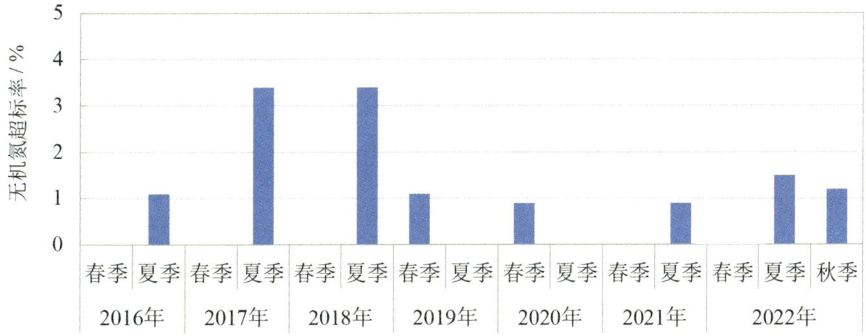


图 2-7-12　2016—2022 年海南省近岸海域春、夏季无机氮超标率变化情况

## （三）富营养化年际变化趋势分析

2016—2022 年，海南省近岸海域呈富营养化状态的海域面积呈波动下降趋势，呈富营养化状态的海域面积为 15.8 ～ 173.3 km$^2$。富营养化海域面积最大值出现在 2017 年，

最小值出现在 2020 年。另外，2016 年、2017 年未出现重度富营养化海域，其余年度出现重度污染的海域面积为 3.6 ～ 27.7 $km^2$。7 年间出现富营养化状态的海域主要分布在万宁小海、文昌清澜湾、三亚榆林港近岸海域。

与 2016 年相比，2022 年海南省近岸海域呈富营养化状态的海域面积增加 4.2 $km^2$（图 2-7-13）。

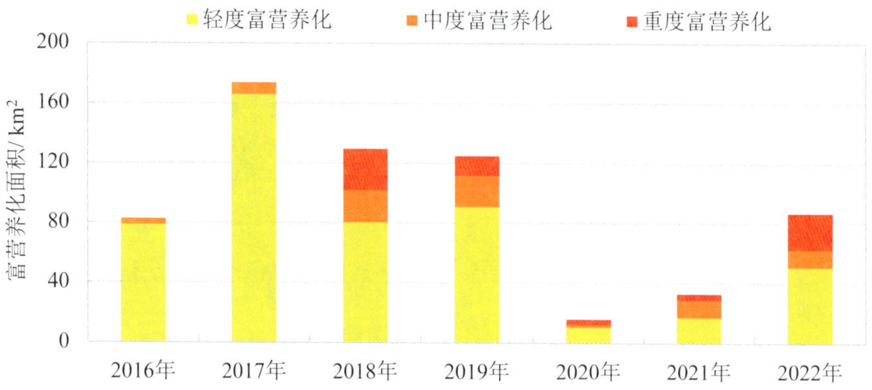


图 2-7-13　2016—2022 年海南省近岸海域海水富营养化面积变化情况

# 第二节　海水浴场

## 一、海水浴场水质现状

2022 年，海口假日海滩、三亚大东海、三亚亚龙湾 3 个国家重点海水浴场水质状况年度综合评价等级均为优。

2022 年 6—9 月，3 个海水浴场水质等级为优的天数比例分别为 100%、100%、91.7%，水质等级为优良的天数比例均为 100%。健康风险等级均为优，海水浴场环境对游泳者健康产生的潜在危害低。

## 二、海水浴场水质年际（2016—2022 年）变化趋势分析

2016—2022 年，海口假日海滩海水浴场、三亚大东海、三亚亚龙湾海水浴场水质状况等级为优良的天数比例均达 100%，基本保持稳定（图 2-7-14）。

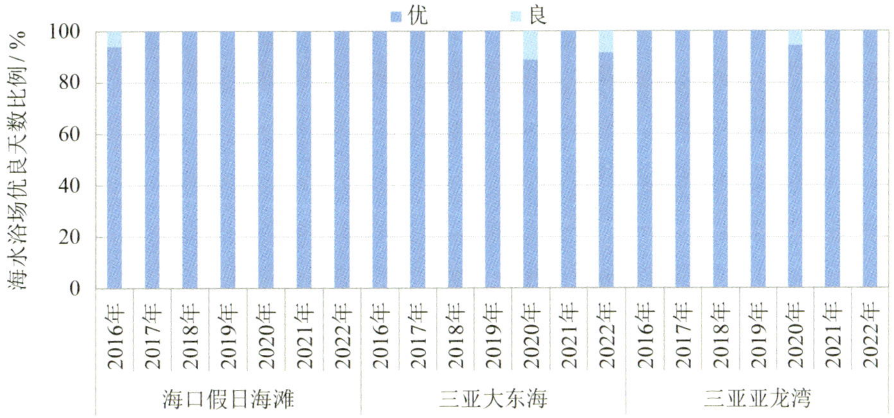


图 2-7-14 2016—2022 年海南省国家重点海水浴场水质变化情况

# 第三节 海洋沉积物

2022 年，海南省近岸海域沉积物综合质量等级为良好。海南省 48 个近岸海域沉积物质量监测点位中，沉积物质量良好的点位比例为 97.9%，质量一般的点位为儋州新三都海域点位，占比为 2.1%。与 2020 年相比，海南省近岸海域沉积物质量总体保持稳定。

# 第四节 典型海洋生态系统

## 一、典型海洋生态系统现状

2022 年，西沙群岛、海南岛东海岸及西海岸珊瑚礁生态系统均处于健康状态，生态系统保持其自然属性，生物多样性及生态系统结构基本稳定，生态系统主要服务功能正常发挥，人为活动所产生的生态压力在生态系统的承载力范围之内；海南岛东海岸海草床生态系统处于亚健康状态，生态系统基本维持其自然属性，生物多样性及生态系统结构发生一定程度的改变，但生态系统主要服务功能尚能正常发挥，环境污染、人为破坏、资源的不合理利用等生态压力超出生态系统的承载力。

## （一）珊瑚礁生态系统

2022 年，西沙群岛、海南岛东海岸、海南岛西海岸珊瑚礁生态系统均处于健康状态，生态健康指数 $CEH_{indx}$ 分别为 98.4、96.1、94.9。

### 1. 西沙群岛珊瑚礁生态系统

（1）水环境质量

西沙群岛珊瑚礁监测海域水质为优，pH、活性磷酸盐、无机氮等监测指标均符合一类海水水质标准。pH 为 8.02 ～ 8.17，悬浮物含量均不大于 2 mg/L，活性磷酸盐含量为未检出～ 0.013 mg/L，无机氮含量为 0.013 ～ 0.133 mg/L，叶绿素 a 含量为 0.1 ～ 0.4 μg/L。

（2）生物质量

西沙群岛珊瑚礁监测海域采集的生物样品均为鱼类。总汞含量为 0.010 ～ 0.343 mg/kg，镉含量为 0.002 ～ 0.012 mg/kg，铅含量为 0.040 ～ 0.830 mg/kg，砷含量为 0.255 ～ 2.390 mg/kg，石油烃含量为 1.3 ～ 5.2 mg/kg。

（3）栖息地状况

西沙群岛珊瑚礁栖息地处于健康状态。大型底栖藻类盖度平均值为 0.1%，活珊瑚覆盖度平均值为 19.6%，5 年内活珊瑚覆盖度减少的数量小于 5%。

（4）生物群落状况

西沙群岛珊瑚礁监测海域共调查到造礁石珊瑚 11 科 37 属 162 种，常见种有团块滨珊瑚（*Porites lobata*）、澄黄滨珊瑚（*Porites lutea*）、多孔同星珊瑚（*Plesiastrea versipora*）、疣状杯形珊瑚（*Pocillopora verrucosa*）、肉质扁脑珊瑚（*Platygyra carnosus*）等；硬珊瑚补充量为 1.80 ～ 8.80 个 /$m^2$，均值为 5.80 个 /$m^2$；珊瑚死亡率均值为 0.7%，5 年内珊瑚死亡率增加小于 5%；西沙群岛珊瑚礁监测海域发现珊瑚礁鱼类 21 科 56 属 114 种，平均密度为 108.14 尾 /100 $m^2$，5 年内珊瑚礁鱼类密度减少小于 5%。

西沙群岛珊瑚礁监测海域共调查到浮游植物 348 种（含变种和变型），隶属 5 门 85 属；浮游动物 77 种，分属于 9 个类群，包含阶段性浮游幼体 12 类。浮游植物、浮游动物的平均生物多样性指数分别为 3.63、2.33。

### 2. 海南岛东海岸珊瑚礁生态系统

（1）水环境质量

海南岛东海岸珊瑚礁监测海域水质为优，pH、活性磷酸盐、无机氮等监测指标均符合一类海水水质标准。pH 为 8.02 ～ 8.20，悬浮物含量为未检出～ 7 mg/L，活性磷酸盐含量为未检出～ 0.009 mg/L，无机氮含量为 0.006 ～ 0.099 mg/L，叶绿素 a 含量为 0.1 ～ 8.2 μg/L。

（2）生物质量

海南岛东海岸珊瑚礁监测海域采集到的生物样品均为鱼类。总汞含量为 0.013 ～ 0.298 mg/kg，镉含量为 0.001 ～ 0.027 mg/kg，铅含量为 0.001 ～ 0.252 mg/kg，砷含量为 0.066 ～ 1.530 mg/kg，石油烃含量为 0.4 ～ 11.8 mg/kg。

（3）栖息地状况

海南岛东海岸珊瑚礁栖息地处于健康状态，大型底栖藻类盖度均值为 2.4%，活珊瑚覆盖度均值为 15.7%，5 年内活珊瑚盖度减少小于 5%。

（4）生物群落状况

海南岛东海岸珊瑚礁监测海域共调查到造礁石珊瑚 14 科 32 属 135 种，常见种有澄黄滨珊瑚（*Porites lutea*）、丛生盔形珊瑚（*Galaxea fascicularis*）、多曲杯形珊瑚（*Pocillopora meandrina*）、瘿叶蔷薇珊瑚（*Montipora aequituberculata*）、风信子鹿角珊瑚（*Acropora hyacinthus*）等；硬珊瑚补充量为 0.00 ～ 4.60 个 /$m^2$，均值为 2.10 个 /$m^2$；珊瑚死亡率均值为 0.4%，5 年内珊瑚死亡率增加小于 5%；东海岸珊瑚礁监测海域发现珊瑚礁鱼类 21 科 41 属 71 种，平均密度为 34.25 尾 /100 $m^2$，5 年内珊瑚礁鱼类密度减少小于 5%。

海南岛东海岸珊瑚礁监测海域共调查到浮游植物 390 种（含变种和变型），隶属 7 门 96 属；浮游动物 60 种，分属于 10 个类群，包含阶段性浮游幼体 11 类。浮游植物、浮游动物的平均生物多样性指数分别为 3.43、1.75。

### 3. 海南岛西海岸珊瑚礁生态系统

（1）水环境质量

海南岛西海岸珊瑚礁监测海域水质为优，pH、活性磷酸盐、无机氮、悬浮物等监测指标均符合一类海水水质标准。pH 为 8.12 ～ 8.21，悬浮物含量为未检出～ 4 mg/L，活性磷酸盐含量为 0.001 ～ 0.005 mg/L，无机氮含量为 0.010 ～ 0.018 mg/L，叶绿素 a 含量为 0.6 ～ 3.6 μg/L。

（2）生物质量

海南岛西海岸珊瑚礁监测海域采集的生物样品均为鱼类。总汞含量为 0.009 ～ 0.521 mg/kg，镉含量为 0.005 ～ 0.030 mg/kg，铅含量为未检出～ 0.114 mg/kg，砷含量为 0.148 ～ 0.791 mg/kg，石油烃含量为 4.0 ～ 10.5 mg/kg。

（3）栖息地状况

海南岛西海岸珊瑚礁栖息地处于健康状态，大型底栖藻类盖度均值为 0.6%，活珊瑚覆盖度均值为 9.2%。

（4）生物群落状况

海南岛西海岸珊瑚礁监测海域共调查到造礁石珊瑚9科19属62种，常见种有丛生盔形珊瑚（*Galaxea fascicularis*）、澄黄滨珊瑚（*Porites lutea*）、角孔珊瑚（*Goniopora fruticosa*）等；硬珊瑚补充量为0.40～3.50个/m$^2$，均值为1.82个/m$^2$；珊瑚死亡率均值为0.5%；西海岸珊瑚礁海域监测到鱼类12科12属22种，平均密度为60.63尾/100 m$^2$。

海南岛西海岸监测海域共调查到浮游植物295种（含变种和变型），隶属3门70属；浮游动物23种，分属于7个类群，包含阶段性浮游幼体8类。浮游植物、浮游动物的平均生物多样性指数分别为2.95、0.95。

## （二）海草床生态系统

2022年，海南岛东海岸海草床生态系统均处于亚健康状态，生态健康指数$CEH_{indx}$为73.6。

### 1. 海南岛东海岸海草床生态系统

（1）水环境质量

海南岛东海岸海草床监测海域水质为一般。透光率为11.3%～37.0%，盐度为24.0‰～33.4‰，悬浮物含量为4～20 mg/L，活性磷酸盐含量为未检出～0.039 mg/L，无机氮含量为0.009～0.397 mg/L。

（2）沉积物质量

海南岛东海岸海草床监测海域海洋沉积物质量为良好。有机碳含量为0.09%～0.35%，硫化物含量为6.79～342 mg/kg。

（3）生物质量

海南岛东海岸海草床监测海域采集的生物样品均为鱼类。总汞含量为0.004～0.320 mg/kg，镉含量为未检出～0.029 mg/kg，铅含量为未检出～0.02 mg/kg，砷含量为0.106～0.636 mg/kg，石油烃含量为0.3～3.4 mg/kg。

（4）栖息地状况

海南岛东海岸海草床监测海域砂含量均值为75.2%，砾含量均值为23.0%；粉砂含量均值为1.6%，黏土含量均值为0.2%，表明东海岸海草床粒组以砂为主要组分。

（5）生物群落状况

海南岛东海岸海草床监测海域共调查到海草2科4属4种，分别为单脉二药草（*Halodule uninervis*）、海菖蒲（*Enhalus acoroides*）、泰来草（*Thalassia hemprichii*）、

卵叶喜盐草（Halophila ovalis）。海草覆盖度均值为 39.8%，海草密度为 69.0 ～ 1 546.9 株 /m$^2$，海草生物量为 18.1 ～ 740.0 g/m$^2$。

海南岛东海岸海草床监测海域共调查到底栖动物 27 种，其中软体类动物 15 种、甲壳类 11 种、棘皮类 1 种。

海南岛东海岸监测海域共调查到浮游植物 289 种（含变种和变型），隶属 4 门 79 属；浮游动物 35 种，分属于 8 个类群，包含阶段性浮游幼体 7 类。浮游植物、浮游动物的平均生物多样性指数分别为 3.05、1.35。

2. 海南岛西海岸海草床生态系统

（1）水环境质量

海南岛西海岸海草床监测海域水质为差。透光率为 6.5% ～ 25.0%，盐度为 12.2‰ ～ 28.7‰，悬浮物含量为 6 ～ 24 mg/L，活性磷酸盐含量为 0.002 ～ 0.006 mg/L，无机氮含量为 0.011 ～ 0.497 mg/L。

（2）沉积物质量

海南岛西海岸海草床监测海域海洋沉积物质量良好。有机碳含量为 0.16% ～ 1.00%，硫化物含量为未检出～ 33.5 mg/kg。

（3）生物质量

海南岛西海岸海草床监测海域采集的生物样品均为鱼类。总汞含量为 0.231 ～ 0.528 mg/kg，镉含量为未检出，铅含量为未检出～ 0.12 mg/kg，砷含量为 0.743 ～ 0.988 mg/kg，石油烃含量为 0.9 ～ 2.2 mg/kg。

（4）栖息地状况

海南岛西海岸海草床监测海域砂含量均值为 76.0%，砾含量均值为 8.2%，粉砂含量均值为 14.4%，黏土含量均值为 1.40%。表明西海岸海草床粒组以砂为主要组分。

（5）生物群落状况

海南岛西海岸海草床监测海域共调查到海草 2 科 2 属 3 种，分别为单脉二药草（*Halodule uninervis*）、卵叶喜盐草（*Halophila ovalis*）、贝克喜盐草（*Halophila beccarii*）。海草覆盖度均值为 31.2%，海草密度为 4 519.8 ～ 6 831.5 株 /m$^2$，海草生物量为 10.4 ～ 81.5 g/m$^2$。

海南岛西海岸海草床监测海域共调查到底栖动物 7 种，其中软体类动物 6 种，甲壳类为 1 种。

海南岛西海岸海草床监测海域共调查到浮游植物 161 种（含变种和变型），隶属 6

门68属；浮游动物3种，分属于2个类群，其中阶段性浮游幼体2类。浮游植物、浮游动物的平均生物多样性指数分别为0.36、0.00。

## （三）红树林生态系统

### 1. 海口东寨港红树林生态系统

（1）水环境质量

海口东寨港红树林监测区域水质为差，pH、无机氮等监测指标符合一类海水水质标准，超二类指标为活性磷酸盐。盐度为20.15‰ ～ 22.10‰，pH为7.95 ～ 8.04，活性磷酸盐含量为0.025 ～ 0.032 mg/L，无机氮含量为0.047 ～ 0.076 mg/L。

（2）生物质量

海口东寨港红树林监测区域采集的生物样品均为鱼类。总汞含量为0.011 mg/kg，镉含量为0.291 mg/kg，铅含量为0.24 mg/kg，砷含量为0.208 mg/kg，石油烃含量为6.7 mg/kg。

（3）栖息地状况

海口东寨港红树林总面积约为2 192.97 $hm^2$，其中红树林未成林面积为88.32 $hm^2$，天然更新林林地面积为41.00 $hm^2$。

（4）生物群落状况

海口东寨港红树林监测区域共调查到红树植物9科11属14种，常见种有红海榄（*Rhizophora stylosa*）、无瓣海桑（*Sonneratia apetala*）、木榄（*Bruguiera gymnorhiza*）等；红树林覆盖度为15.0%，红树林平均密度为26.5株/10$m^2$；底栖动物平均密度为73.3个/$m^2$，底栖动物平均生物量为365.0 g/$m^2$。

### 2. 临高新盈红树林生态系统

（1）水环境质量

临高新盈红树林监测区域水质为优，pH、活性磷酸盐、无机氮等监测指标符合一类海水水质标准。盐度为29.8‰ ～ 32.4‰，pH为7.97 ～ 8.21，活性磷酸盐含量为0.002 ～ 0.004 mg/L，无机氮含量为0.008 ～ 0.034 mg/L。

（2）生物质量

临高新盈红树林监测区域采集的生物样品均为鱼类。总汞含量为0.025 mg/kg，镉含量未检出，铅含量未检出，砷含量为0.443 mg/kg，石油烃含量为2.5 mg/kg。

（3）栖息地状况

临高新盈红树林总面积约为596.25 $hm^2$，其中红树林未成林面积为82.02 $hm^2$，未监测到天然更新林。

（4）生物群落状况

临高新盈红树林监测区域共调查到红树植物 4 科 5 属 5 种，常见种有红海榄（*Rhizophora stylosa*）、秋茄树（*Kandelia obovata*）、海榄雌（*Avicennia marina*）、对叶榄李（*Laguncularia racemosa*）、蜡烛果（*Aegiceras corniculatum*）；红树林覆盖度为 2.65%，红树林平均密度为 2.9 株 /10 $m^2$；底栖动物平均密度为 29.3 个 /$m^2$，底栖动物平均生物量为 163.0 g/$m^2$。

## 二、典型海洋生态系统年际（2016—2022 年）变化趋势分析

### （一）珊瑚礁生态系统年际变化趋势分析

#### 1. 西沙群岛珊瑚礁生态系统年际变化

（1）活珊瑚覆盖度年际变化

2016—2022 年，西沙群岛珊瑚礁监测海域活珊瑚有缓慢恢复的迹象，活珊瑚覆盖度基本呈上升趋势，由 2016 年的 5.5% 上升到 2020 年的 23.5%，达到近 7 年最高值，随后小幅降至 2022 年的 19.6%，活珊瑚覆盖度趋于稳定（图 2-7-15）。

与 2016 年相比，2022 年西沙群岛活珊瑚平均覆盖度上升 14.1 个百分点。

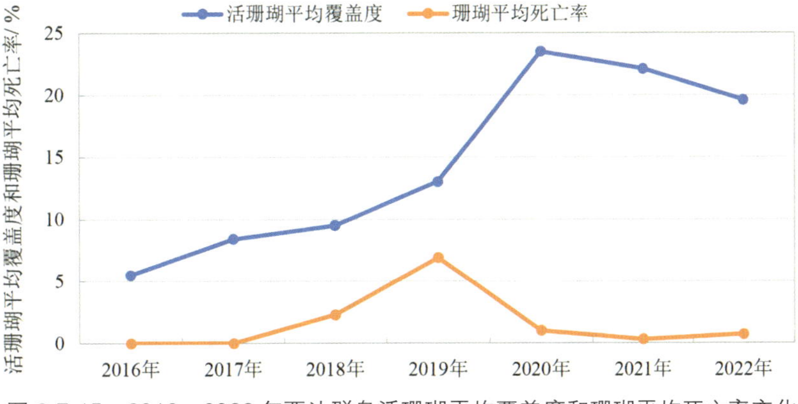


图 2-7-15　2016—2022 年西沙群岛活珊瑚平均覆盖度和珊瑚平均死亡率变化

（2）珊瑚死亡率年际变化

2016—2022 年，西沙群岛珊瑚礁监测海域珊瑚平均死亡率波动变化，2018 年之前未监测到死珊瑚，2019 年珊瑚死亡率逐年升至 6.9%，是近 7 年最高值，而后逐年降至 2022年的 0.7%（图 2-7-15）。

与 2016 年相比，2022 年西沙群岛珊瑚礁珊瑚平均死亡率上升 0.7 个百分点。

（3）硬珊瑚补充量年际变化

2016—2022 年，西沙群岛珊瑚礁监测海域硬珊瑚平均补充量呈逐年上升趋势。2016—2018 年的硬珊瑚补充量均未超过 1.00 个 /m$^2$，而后逐年上升，由 2018 年的 0.97 个 /m$^2$ 上升至 2022 年的 5.80 个 /m$^2$（图 2-7-16）。

与 2016 年相比，2022 年西沙群岛硬珊瑚平均补充量上升 5.64 个 /m$^2$。

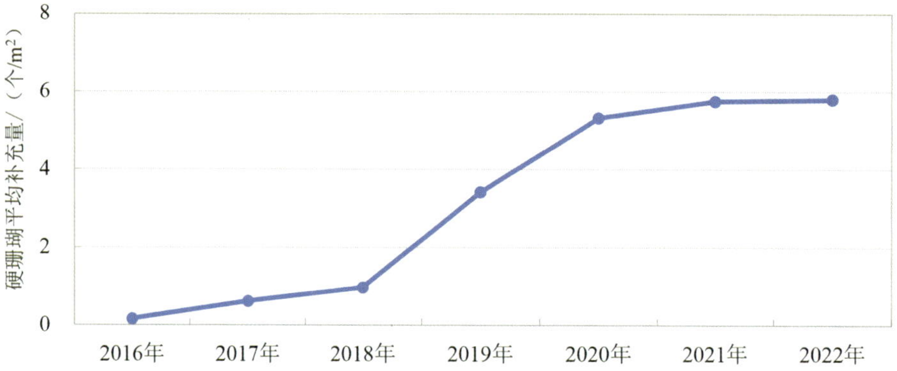


图 2-7-16　2016—2022 年西沙群岛硬珊瑚平均补充量变化情况

（4）珊瑚礁鱼类年际变化

2016—2022 年，西沙群岛珊瑚礁监测海域珊瑚礁鱼类平均密度呈现波动变化。由 2016 年的 100.15 尾 /100 m$^2$ 下降到 2018 年的 66.57 尾 /100 m$^2$，而后开始上升，2021 年达到近 7 年最高值 146.71 尾 /100 m$^2$，2022 年有所下降，为 108.14 尾 /100 m$^2$（图 2-7-17）。

与 2016 年相比，2022 年西沙群岛珊瑚礁鱼类平均密度上升 7.99 尾 /100 m$^2$。

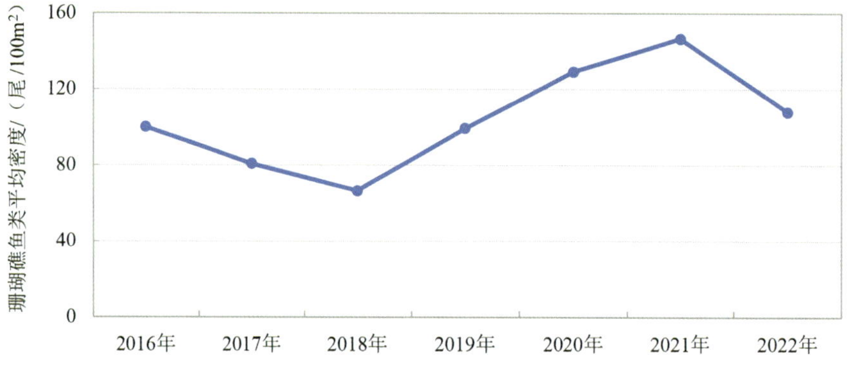


图 2-7-17　2016—2022 年西沙群岛珊瑚礁鱼类平均密度变化情况

### 2. 海南岛东海岸珊瑚礁生态系统年际变化

（1）活珊瑚覆盖度年际变化

2016—2022 年，海南岛东海岸珊瑚礁监测海域活珊瑚平均覆盖度较为稳定，在 12.9% ～ 18.0% 小幅波动。活珊瑚平均覆盖度先是由 2016 年的 15.4% 下降到 2018 年的 12.9%，再上升到 2020 年的 18.0%，随后小幅降至 2022 年的 15.7%（图 2-7-18）。

与 2016 年相比，2022 年海南岛东海岸活珊瑚平均覆盖度上升 0.3 个百分点。

（2）珊瑚死亡率年际变化

2016—2022 年，海南岛东海岸珊瑚礁监测海域珊瑚平均死亡率变化幅度相对较小。2016—2018 年从 0 逐年升至 1.1%，2018—2019 年逐年降至 0.7%，2020 年未监测到死珊瑚，2022 年略微升至 0.4%（图 2-7-18）。

与 2016 年相比，2022 年海南岛东海岸珊瑚平均死亡率上升 0.4 个百分点。

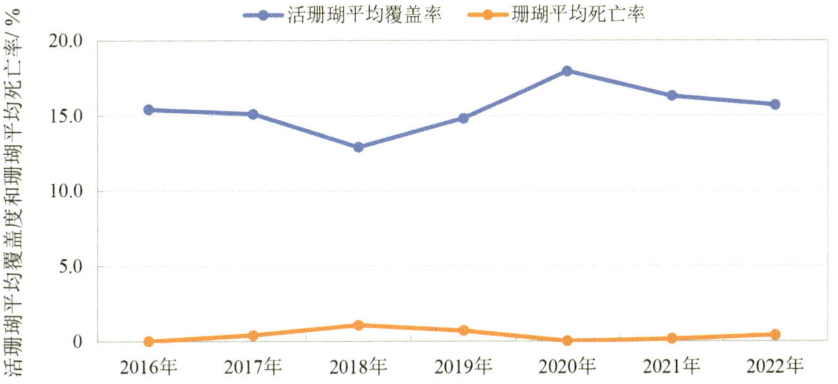


图 2-7-18 2016—2022 年海南岛东海岸活珊瑚平均覆盖度和珊瑚平均死亡率变化情况

（3）硬珊瑚补充量年际变化

2016—2022 年，海南岛东海岸珊瑚礁监测海域硬珊瑚平均补充量呈先下降后上升趋势，由 2016 年的 0.97 个 /$m^2$ 降至 2018 年的 0.64 个 /$m^2$，再逐年上升到 2021 年的 2.80 个 /$m^2$，2022 年又略微降至 2.10 个 /$m^2$（图 2-7-19）。

与 2016 年相比，2022 年海南岛东海岸硬珊瑚平均补充量上升 1.13 个 /$m^2$。

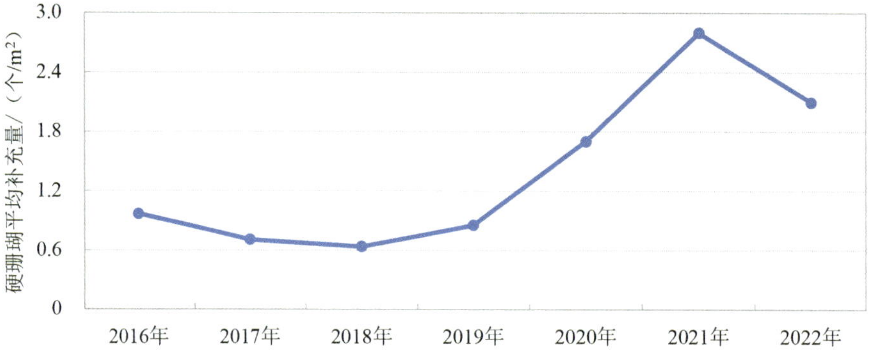


图 2-7-19　2016—2022 年海南岛东海岸硬珊瑚平均补充量变化情况

（4）珊瑚礁鱼类年际变化

2016—2022 年，海南岛东海岸珊瑚礁监测海域珊瑚礁鱼类平均浓度总体呈下降趋势。由 2016 年的 62.78 尾 /100 $m^2$ 降至 2018 年的 31.70 尾 /100 $m^2$，2019 年小幅升高，达到 52.85 尾 /100 $m^2$，2022 年则下降到 34.25 尾 /100 $m^2$（图 2-7-20）。

与 2016 年相比，2022 年珊瑚礁鱼类平均密度下降 28.53 尾 /100 $m^2$。

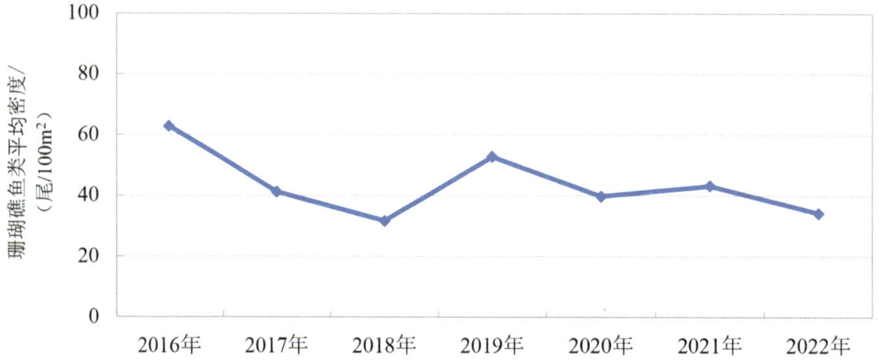


图 2-7-20　2016—2022 年海南岛东海岸珊瑚礁鱼类平均密度变化情况

### 3. 海南岛西海岸珊瑚礁生态系统年际变化①

（1）活珊瑚覆盖度年际变化

2018—2022 年，海南岛西海岸珊瑚礁监测海域活珊瑚平均覆盖度呈现先上升后下降趋势，由 2018 年的 8.2% 逐年上升到 2020 年的 13.2%，2022 年降至 9.2%（图 2-7-21）。

与 2018 年相比，2022 年海南岛西海岸活珊瑚平均覆盖度上升 1.0 个百分点。

① 由于 2016—2017 年无海南岛西海岸珊瑚礁生态系统相关监测数据，故年际变化从 2018 年开始分析。

（2）珊瑚死亡率年际变化

2018—2022 年，海南岛西海岸珊瑚礁监测海域珊瑚平均死亡率历年来均较低，2018—2020 年均未监测到死珊瑚，2021 年小幅升至 0.5%，2022 年保持在 0.5%（图 2-7-21）。

与 2018 年相比，2022 年海南岛西海岸珊瑚平均死亡率上升 0.5 个百分点。

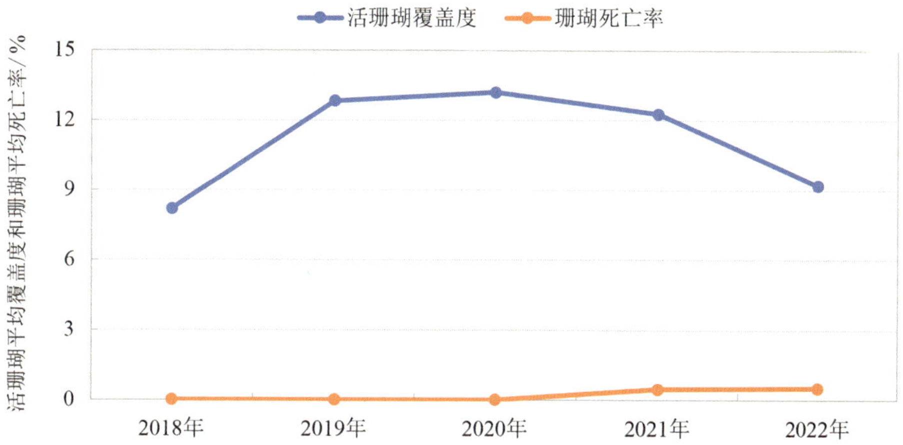


图 2-7-21　2018—2022 年海南岛西海岸活珊瑚平均覆盖度和珊瑚平均死亡率变化情况

（3）硬珊瑚补充量年际变化

2018—2022 年，海南岛西海岸珊瑚礁监测海域硬珊瑚平均补充量呈先上升后下降趋势，由 2018 年的 0.66 个 /m$^2$ 逐年升至 2021 年的 3.27 个 /m$^2$，2022 年降至 1.82 个 /m$^2$（图 2-7-22）。

与 2018 年相比，2022 年海南岛西海岸硬珊瑚平均补充量上升 1.16 个 /m$^2$。

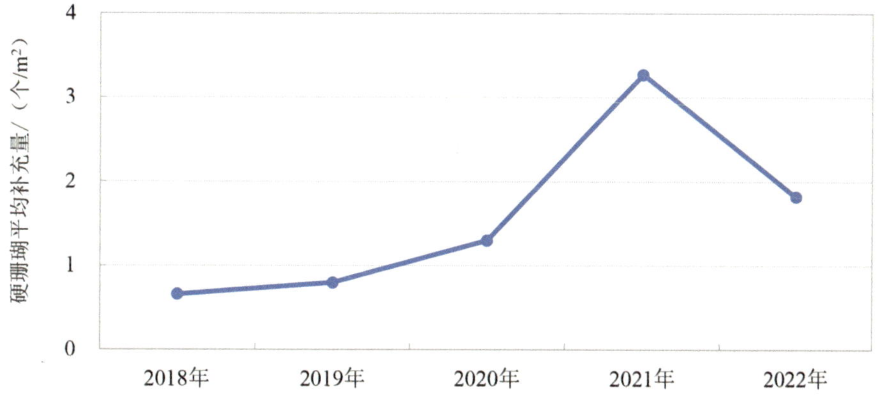


图 2-7-22　2018—2022 年海南岛西海岸硬珊瑚平均补充量变化情况

（4）珊瑚礁鱼类年际变化

2018—2022 年，海南岛西海岸珊瑚礁监测海域珊瑚礁鱼类平均密度波动较大，2018—2019 年小幅上升，由 2018 年的 15.10 尾 /100 $m^2$ 升至 2019 年的 39.83 尾 /100 $m^2$，2020 年则降至 10.80 尾 /100 $m^2$，2021 年大幅升至 108.20 尾 /100 $m^2$，2022 年则下降到 60.63 尾 /100 $m^2$（图 2-7-23）。

与 2018 年相比，2022 年珊瑚礁鱼类平均密度上升 45.53 尾 /100 $m^2$。

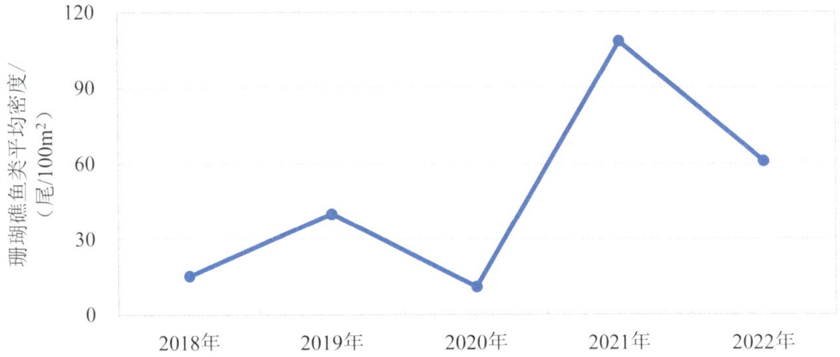


图 2-7-23　2018—2022 年海南岛西海岸珊瑚礁鱼类平均密度变化情况

## （二）海草床生态系统年际变化趋势分析

### 1. 海草覆盖度年际变化

2016—2022 年，海南岛东海岸海草覆盖度呈先下降后上升的趋势，2016—2020 年逐年降至 16.0%，2021—2022 年逐年升至 39.8%，上升幅度较大，呈现恢复趋势（图 2-7-24）。

与 2016 年相比，2022 年海南岛东海岸海草平均覆盖度上升 13.9 个百分点。

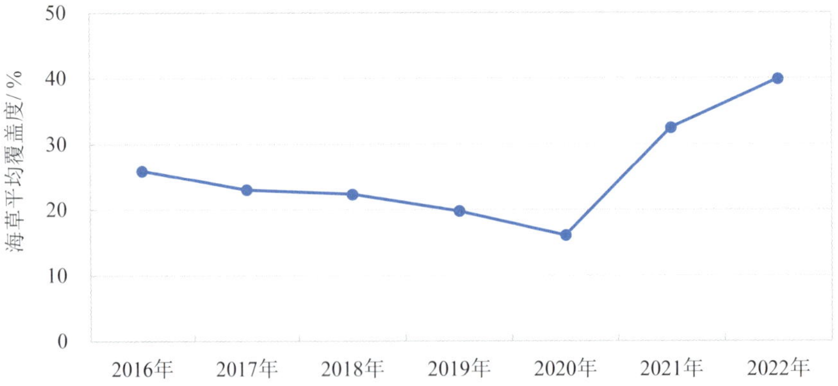


图 2-7-24　2016—2022 年海南岛东海岸海草平均覆盖度变化情况

### 2. 海草平均密度年际变化

2016—2022 年，海南岛东海岸海草平均密度波动下降，由 2016 年的 1 369.2 株 /m$^2$ 降至 2022 年的 358.4 株 /m$^2$（图 2-7-25）。

与 2016 年相比，2022 年海南岛东海岸海草平均密度下降 1 010.8 株 /m$^2$。

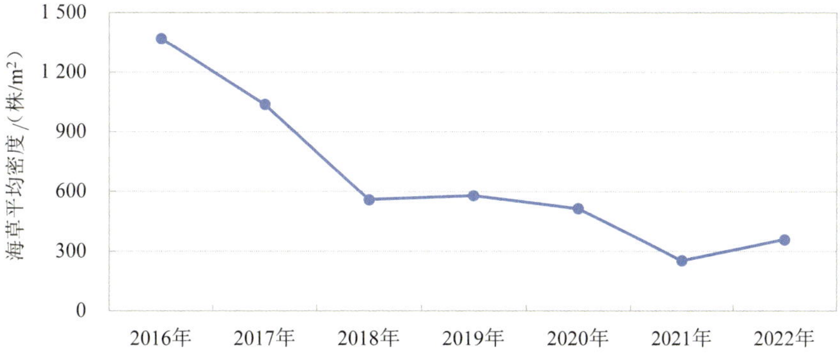


图 2-7-25　2016—2022 年海南岛东海岸海草平均密度变化情况

### 3. 海草平均生物量年际变化

2016—2022 年，海南岛东海岸海草平均生物量波动下降。2016—2020 年海草平均生物量呈下降趋势，2021—2022 年逐年升至 471.5 g/m$^3$（图 2-7-26）。

与 2016 年相比，2022 年海南岛东海岸海草平均生物量下降 457.9 g/m$^2$。

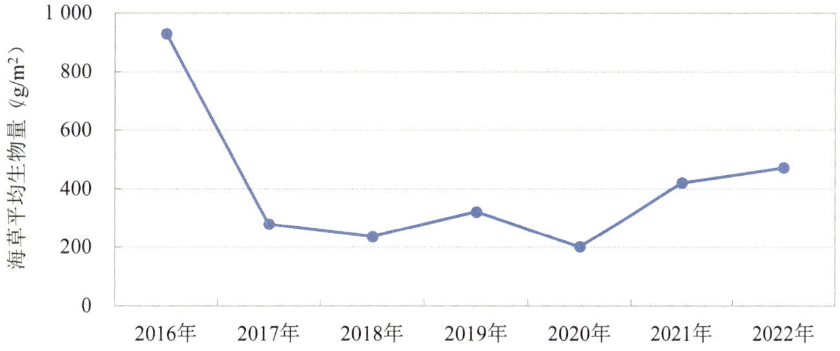


图 2-7-26　2016—2022 年海南岛东海岸海草平均生物量变化情况

# 第五节　海洋垃圾及微塑料

## 一、海洋垃圾及微塑料现状

2022 年，三亚湾、海口湾、博鳌湾、洋浦湾海面漂浮垃圾平均个数为 689 个 / $km^2$，海滩垃圾平均个数为 234 932 个 / $km^2$，海底垃圾平均个数为 2 743 个 / $km^2$。南渡江、昌化江、万泉河入海口表层和西沙永兴岛西北部表层海水中微塑料平均密度为 0.29 ～ 0.53 个 /$m^3$。

### （一）海洋垃圾

#### 1. 海面漂浮垃圾

2022 年，三亚湾、海口湾、博鳌湾、洋浦湾监测区域表层水体拖网海面漂浮垃圾平均个数为 689 个 / $km^2$。采集到的中小块及中块垃圾碎片全部为塑料类垃圾。塑料类垃圾来源于海上人类活动，主要为聚苯乙烯泡沫残渣、塑料碎片、渔线、食品包装袋。未发现大块及特大块海面漂浮垃圾（图 2-7-27）。

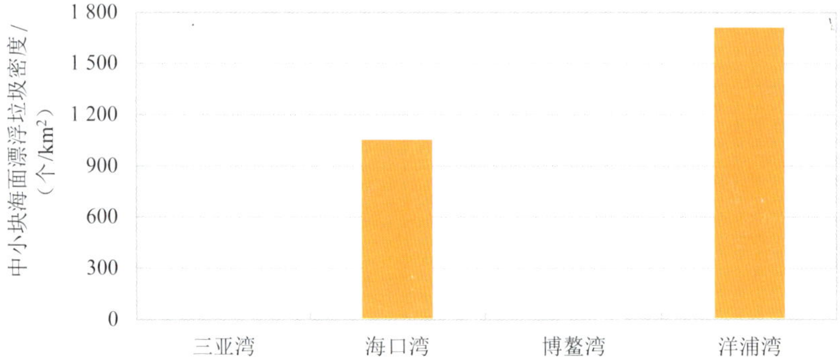


图 2-7-27　2022 年海面漂浮垃圾密度分布情况

#### 2. 海滩垃圾

2022 年，三亚湾、海口湾、博鳌湾、洋浦湾监测区域海滩垃圾平均个数为 234 932 个 / $km^2$。采集到的海滩垃圾中，塑料类垃圾数量最多，占比为 86.8%；其次为玻璃类，占比为 7.4%；金属类、纸质类、橡胶类、织物（布）类等也均有采集到。塑料类垃圾主要为塑料膜、塑料碎片、塑料瓶盖、聚苯乙烯泡沫、渔线、食品包装袋（图 2-7-28）。

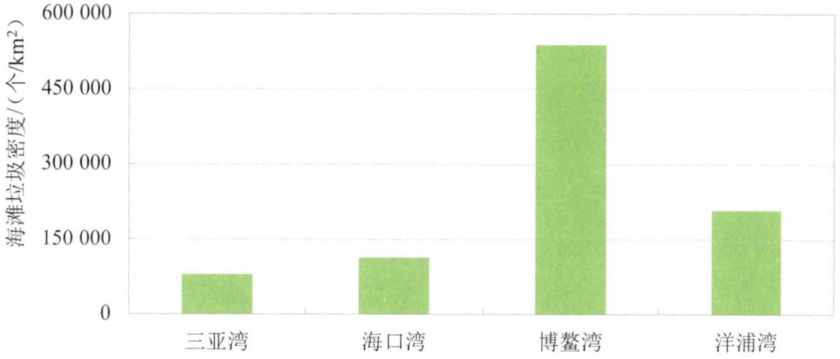


图 2-7-28　2022 年海滩垃圾密度分布情况

### 3. 海底垃圾

2022 年，三亚湾、海口湾、博鳌湾、洋浦湾监测区域海底垃圾平均个数为 2 743 个 / $km^2$。采集到的海底垃圾中，塑料类垃圾数量最多，占比为 95.0%；其余为纸质类垃圾，占比为 5.0%。塑料类垃圾主要为塑料袋、渔线、食品包装袋（图 2-7-29）。

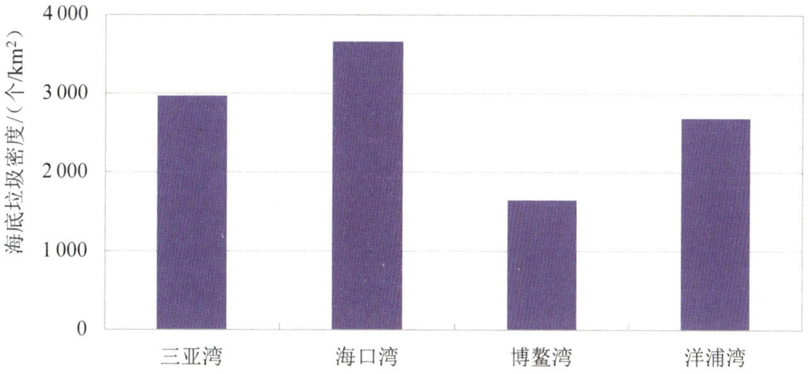


图 2-7-29　2022 年海底垃圾监测密度分布情况

## （二）海洋微塑料

2022 年，南渡江入海口海面漂浮微塑料平均密度为 0.45 个 /$m^3$，鉴定到微塑料有 10 种，主要成分为聚乙烯、聚丙烯、聚酯等。万泉河入海口海面漂浮微塑料平均密度为 0.53 个 /$m^3$，鉴定到微塑料有 9 种，主要成分为聚丙烯、聚酯、聚乙烯等。昌化江入海口海面漂浮微塑料平均密度为 0.29 个 /$m^3$，鉴定到微塑料有 8 种，主要成分为聚丙烯、聚乙烯、聚丙烯聚乙烯混合物。西沙永兴岛西北部海面漂浮微塑料平均密度为 0.29 个 /$m^3$，鉴定到微塑料有 9 种，主要成分为聚丙烯、聚乙烯、聚酯。

## 二、海洋垃圾及微塑料年度对比分析

### （一）海洋垃圾年度对比分析

与 2021 年相比，2022 年三亚湾、海口湾、博鳌湾、洋浦湾监测区域表层水体拖网海面漂浮垃圾平均个数下降 1 805 个 / $km^2$，下降幅度为 72.4%；海滩垃圾平均个数上升 2 848 个 / $km^2$，上升幅度为 1.2%；海底垃圾平均个数下降 1 561 个 / $km^2$，下降幅度为 36.3%。

### （二）海洋微塑料年度对比分析

与 2021 年相比，2022 年南渡江入海口微塑料平均密度上升 0.03 个 /$m^3$，上升幅度为 7.1%；昌化江入海口微塑料平均密度下降 0.18 个 /$m^3$，下降幅度为 38.3%；万泉河入海口微塑料平均密度上升 0.11 个 /$m^3$，上升幅度为 26.2%。

## 三、海洋垃圾年际（2016—2022 年）变化趋势分析

### （一）海面漂浮垃圾年际变化趋势分析

2016—2022 年，三亚湾海域海面漂浮垃圾呈现大块和特大块漂浮垃圾与中小块漂浮垃圾均有减少趋势，垃圾类型仍以塑料类为主（图 2-7-30）。

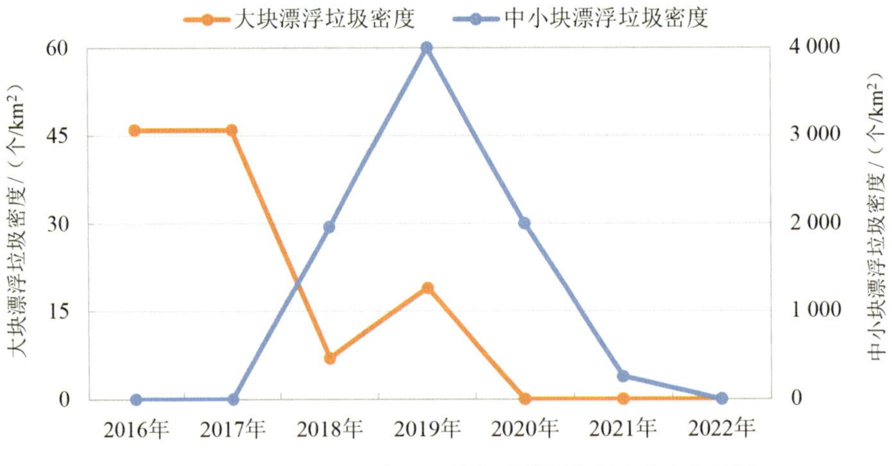


图 2-7-30　2016—2022 年三亚湾海面漂浮垃圾密度变化情况

### （二）海滩垃圾年际变化趋势分析

2016—2022 年，三亚湾海域海滩垃圾呈先上升后下降趋势。垃圾类型仍以塑料类和人造物品为主，来源主要是游客（图 2-7-31）。

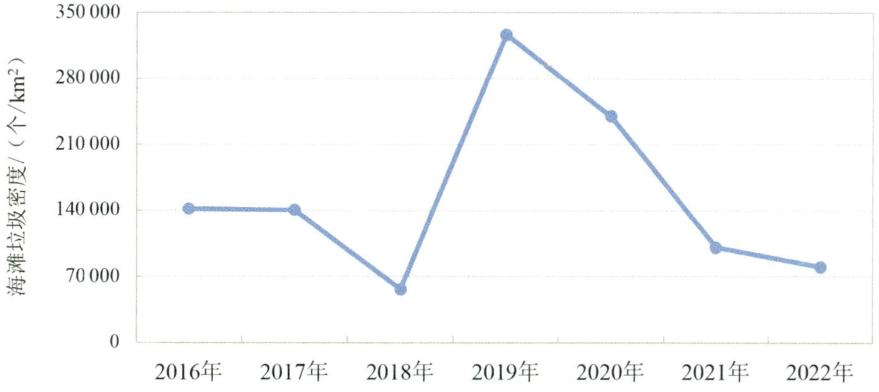


图 2-7-31　2016—2022 年三亚湾海滩垃圾密度变化情况

### （三）海底垃圾年际变化趋势分析

2016—2022 年，三亚湾海域海底垃圾呈先上升后下降趋势。垃圾类型仍以塑料袋、饮料瓶、渔网、渔线等塑料制品为主（图 2-7-32）。

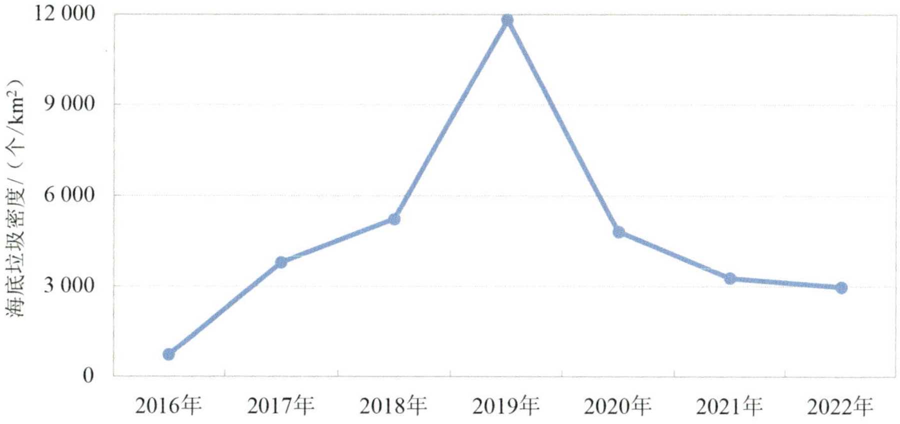


图 2-7-32　2016—2022 年三亚湾海底垃圾密度变化情况

## 第六节 变化原因分析

### 一、封闭、半封闭的海湾环境自净能力较弱，短时间内难以好转

万宁小海、文昌清澜湾、儋州新英湾等近岸海域水质多年劣于二类，造成水质变差的主要指标为活性磷酸盐、化学需氧量和无机氮，这类污染物多来自生活污水和农业废水。污染物在封闭或半封闭的海湾内难以扩散，水体交换不及时，造成水质污染。

### 二、珊瑚礁生态系统对全球气候变化和人为干扰产生负面响应

2022 年海南岛东海岸珊瑚礁生态系统中的珊瑚死亡率、珊瑚白化病害发生率均呈上升趋势。一方面源于全球气候变化导致海水温度上升，另一方面则由于人为干扰活动对珊瑚礁自然恢复产生了一定的影响。造礁石珊瑚属于热带生物群落，其生长最适宜温度为 25 ～ 26℃。由于全球气候变暖的影响，目前海水升温既是珊瑚礁退化的重要因素之一，也是关注度最高的因素，超过 30℃的海水温度可导致珊瑚白化。2022 年监测的海南省海水平均水温为 30.1℃，较 2021 年上升 0.2℃，而 2022 年监测到珊瑚白化病害现象呈明显的上升趋势。另外，在监测过程中发现，一些渔船的拖网作业对珊瑚也会造成难以恢复的伤害。拖网作业会扰动底泥，悬浮的沉积物会引起水体混浊，从而导致珊瑚窒息甚至死亡。

### 三、海上环卫制度和渔船打捞垃圾模式的建立，促使海洋垃圾密度呈持续下降趋势，昌化江入海河口微塑料密度下降

海南省近年来创新“渔船打捞垃圾”模式，形成“渔民—渔船—渔港—回收利用”工作链条。昌化渔港作为“渔船打捞垃圾”试点首批示范渔港，2021 年至今已有 59 艘渔船 200 多名渔民、近 30 个社区和政府部门以及各类社会群体直接参与海洋垃圾减量行动，累计 836 次打捞。打捞的垃圾种类以塑料碎片、塑料瓶、废弃蟹笼及废弃渔网为主，塑料类垃圾数量占比高达 89%。同时继续落实 2020 年 3 月海南省人民政府印发的《海南省建立海上环卫制度工作方案（试行）》，以海口、三亚、洋浦经济开发区作为试点全面启动海上环卫工作，启动海上垃圾打捞和近岸滩涂垃圾作业两项重点环卫任务，岸滩和近海海洋垃

圾治理实现全覆盖。"渔船打捞垃圾"模式和海上环卫制度对海洋垃圾"减增量、去存量"起到重要作用，海南省监测区域表层水体拖网海面漂浮垃圾平均个数同比下降 72.4%，三亚湾海域海洋垃圾密度呈现持续下降趋势，昌化江入海河口微塑料平均密度同比下降 38.3%。

# 第七节　小结

## 一、海南省近岸海域水质总体稳定为优，局部个别海域水质多年劣于二类

2022 年，海南省近岸海域优良水质面积比例为 99.60%，同比下降 0.17 个百分点，以一类水质为主，劣于二类的水质主要分布在封闭或半封闭海湾、入海河口、养殖集中区、港口等近岸海域，超标指标为化学需氧量、活性磷酸盐、无机氮。年内春季水质污染程度较低，夏季水质污染程度相对较重，秋季水质污染程度相对夏季有所下降。

2016—2022 年，海南省近岸海域水质保持为优，万宁小海、文昌清澜湾近岸海域水质多年劣于二类。活性磷酸盐、化学需氧量、无机氮超标率最高值均出现在 2018 年夏季，自 2018 年夏季后主要超标指标超标率有所下降。

## 二、珊瑚礁生态系统保持健康状态，海草床生态系统处于亚健康状态

2022 年，西沙群岛、海南岛东海岸、海南岛西海岸珊瑚礁生态系统均处于健康状态，生物多样性及生态系统结构基本稳定。西沙群岛珊瑚礁生态健康指数、活珊瑚覆盖度、硬珊瑚补充量、珊瑚礁鱼类密度等指标均为全省最高，活珊瑚覆盖度为 19.6%；海南岛东海岸珊瑚礁生态健康指数较高，活珊瑚覆盖度为 15.7%；海南岛西海岸活珊瑚覆盖度为 9.2%。海南岛东海岸海草床生态系统处于亚健康状态，生态系统基本维持其自然属性，海草覆盖度为 39.8%；海南岛西海岸海草覆盖度为 31.2%。

2016—2022 年，西沙群岛珊瑚礁活珊瑚覆盖度、硬珊瑚补充量呈稳步上升趋势；海南岛东海岸珊瑚礁监测海域活珊瑚覆盖度相对稳定，硬珊瑚补充量呈先下降后上升趋势；海南岛西海岸珊瑚礁监测海域活珊瑚覆盖度、硬珊瑚补充量呈先上升后下降趋势。海南

岛东海岸海草床覆盖度呈先下降后上升趋势，海草密度、海草生物量基本呈下降趋势。

## 三、海水浴场水质优良，保持稳定

2022年，海口假日海滩、三亚亚龙湾、三亚大东海3个国家重点海水浴场水质年度综合评价等级、健康风险等级均为优，水质等级为优良的天数均为100%，水质持续稳定在优良水平。

## 四、沉积物综合质量等级为良好

2022年，海南省近岸海域沉积物综合质量等级为良好，沉积物质量良好的点位比例为97.9%，沉积物质量为一般的点位出现在儋州新三都海域。

## 五、海洋垃圾污染持续好转，三大流域入海口和西沙海域均检出海洋微塑料

2022年，三亚湾、海口湾、博鳌湾、洋浦湾海面漂浮垃圾平均个数为689个/$km^2$，海滩垃圾平均个数为234 932个/$km^2$，海底垃圾平均个数为2 743个/$km^2$，海洋垃圾以塑料类为主。海面漂浮垃圾平均个数同比下降72.4%，海滩垃圾平均个数同比上升1.2%，海底垃圾平均个数同比下降36.3%；近4年三亚湾海域海洋垃圾数量呈下降趋势，垃圾类型仍以塑料类为主。

南渡江、昌化江、万泉河入海口及西沙永兴岛西北部海域均检出微塑料，表层海水中微塑料平均密度为0.29～0.53个/$m^3$；南渡江、万泉河入海口微塑料平均密度同比分别上升7.1%、26.2%，昌化江入海口微塑料平均密度同比下降38.3%。

# 专栏 8

## 东寨港滨海湿地记录到濒危水鸟

2022 年，海南东寨港国际重要湿地滨海湿地生态状况试点监测内容包括红树林及水鸟。其中红树林监测设置 4 个调查断面，每个调查断面按潮间带梯度（低潮间带、中潮间带和高潮间带）分别选择代表性红树植物群落设置 3 个调查点位，共 12 个调查点位；水鸟监测设置 8 条监测样线，其中陆地样线 6 条、海上样线 2 条。

海南东寨港国际重要湿地总面积约为 5 400 $hm^2$，红树林植被覆盖度约为 15.0 %，红树林优势种为红海榄、无瓣海桑、木榄、白骨壤、海莲（尖瓣海莲）、秋茄、桐花树、海漆、红树、黄槿、角果木、老鼠勒、水黄皮等。其中，海漆、无瓣海桑主要分布在东寨港南部，红海榄主要分布在东寨港西北部和东北部，且分布区域最广。东寨港地区天然更新林主要分布在东寨港西南部的红树林边缘区，主要为拉关木与无瓣海桑两个外来种。

海南东寨港国际重要湿地鸟类监测共记录水鸟 5 目 9 科 40 种，数量达 3 314 只。其中，鸻形目种类最多，有 4 科 23 种。从鸟类群落物种组成来看，该湿地的水鸟组成成分较为多样；从珍稀程度来看，该湿地包含国家一级重点保护野生水鸟 1 种，国家二级重点保护野生水鸟 1 种，“三有”保护野生水鸟 38 种，海南省省级重点保护野生水鸟 35 种，列入《世界自然保护联盟濒危物种红色名录》濒危水鸟 1 种、近危水鸟 1 种，列入《濒危野生动植物种国际贸易公约》的水鸟 1 种，《中国濒危动物红皮书》濒危水鸟 1 种、易危水鸟 1 种。

## 专栏9

### 海水养殖区综合环境质量优良

2022年，海南省7个市县8个海水养殖区，包括4个海水增养殖区（海南陵水新村、临高后水湾、陵水黎安、海口东寨港）、2个养殖用海区（文昌冯家湾、万宁小海）、2个海水养殖集中区（乐东莺歌海、东方板桥），共布设42个监测点位。

2022年，临高后水湾、陵水黎安港、陵水新村港、文昌冯家湾、万宁小海、东方板桥镇、乐东莺歌海7个海水养殖区综合环境质量等级均为优良，满足海水养殖区环境质量要求；海口东寨港海水养殖区环境质量等级为较好，一般能满足环境质量要求。海水养殖区环境质量总体稳定。

文昌冯家湾、乐东莺歌海、东方板桥镇、临高后水湾4个养殖区海水水质为优；陵水黎安港养殖区水质一般，陵水新村养殖区水质为差，海口东寨港、万宁小海2个养殖区水质极差，超标指标主要为粪大肠菌群、活性磷酸盐、化学需氧量、无机氮。

陵水新村、乐东莺歌海、东方板桥镇、临高后水湾4个养殖区沉积物质量符合沉积物质量一类标准；海口东寨港、文昌冯家湾、万宁小海、陵水黎安港4个养殖区部分点位的粪大肠菌群、硫化物或有机碳含量劣于沉积物质量一类标准。

临高后水湾海水增养殖区、陵水黎安港增养殖区、文昌冯家湾养殖用海区、万宁小海养殖用海区4个养殖区生物质量符合海洋生物质量一类标准；海口东寨港、陵水新村、东方板桥镇、乐东莺歌海4个养殖区部分点位的粪大肠菌群、铅、汞含量劣于海洋生物质量一类标准。

## 专栏 10

### 重点港湾近岸海域水质以优良为主

2022 年，海南省 12 个沿海市县（不含三沙市）25 个“湾长制”重点港湾共设监测点位 86 个。

按水质状况评价，海口湾、铺前湾（东寨港）、三亚湾等 18 个重点港湾海水水质为优，新村湾水质为良好，洋浦湾水质为一般，潭门港、小海 2 个重点港湾海水水质为差，清澜湾海水水质为极差。主要超标指标为活性磷酸盐、化学需氧量、无机氮。

按达标情况评价，19 个重点港湾水质达标，6 个重点港湾个别功能区未达标，分别为清澜湾、潭门港湾、小海、新村湾、崖州湾、洋浦湾，点位达标率分别为 50.0%、66.7%、50.0%、85.7%、66.7%、75.0%。

## 专栏 11

### 重点园区近岸海域水质保持为优

2022 年，海南省 7 个市县 7 个重点园区近岸海域水质共布设 18 个监测点位，包括洋浦经济开发区、东方临港产业园、老城经济开发区、临高金牌港临港产业区、海口江东新区、三亚崖州湾科技城、陵水黎安国际教育试验区。

2022 年，海口江东新区、三亚崖州湾科技城、洋浦经济开发区、陵水黎安国际教育创新试验区、东方临港产业园、澄迈老城经济开发区、临高金牌港临港产业园 7 个重点园区中，陵水黎安国际教育试验区近岸海域上半年 1 个点位化学需氧量为二类，海口江东新区近岸海域下半年 1 个点位化学需氧量为二类，其余点位上半年和下半年各监测指标均保持为一类，7 个重点园区的特征污染物均未检出。

# 第八章　声环境

2022 年，海南省区域昼间声环境质量为较好（二级），平均等效声级为 54.0 dB（A）；道路交通昼间声环境质量为好（一级），平均等效声级为 65.5 dB（A）；功能区昼间和夜间总点次达标率分别为 92.7% 和 84.0%。与 2021 年相比，2022 年海南省区域、道路交通昼间声环境质量保持稳定，功能区昼间总点次达标率持平，夜间总点次达标率有所上升。

## 第一节　声环境质量现状

### 一、区域声环境质量现状

2022 年，海南省区域昼间声环境质量总体水平为较好（二级），平均等效声级为 54.0 dB（A）。

#### （一）等级评价

海南省 18 个市县（不含三沙市）中，仅琼海市区域昼间声环境质量为好（一级），占比为 5.6%；三亚、五指山、文昌、万宁、东方、定安、屯昌、澄迈、白沙、乐东 10 个市县区域昼间声环境质量为较好（二级），占比为 55.5%；其余 7 个市县区域昼间声环境质量为一般（三级），占比为 38.9%。18 个市县平均等效声级为 45.4 ~ 59.1 dB（A）（图 2-8-1 和图 2-8-2）。

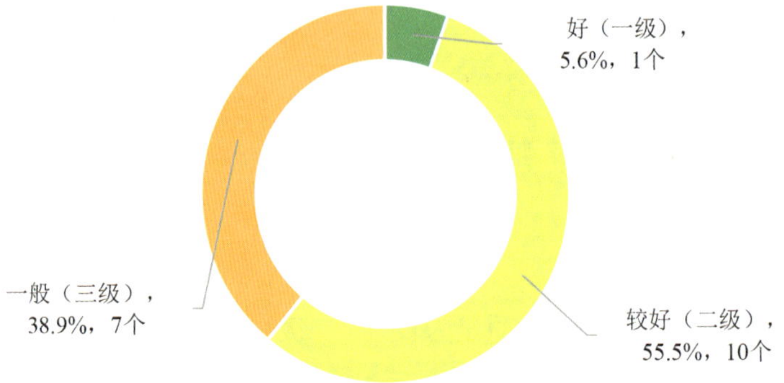


图 2-8-1　2022 年海南省各市县区域昼间声环境质量比例

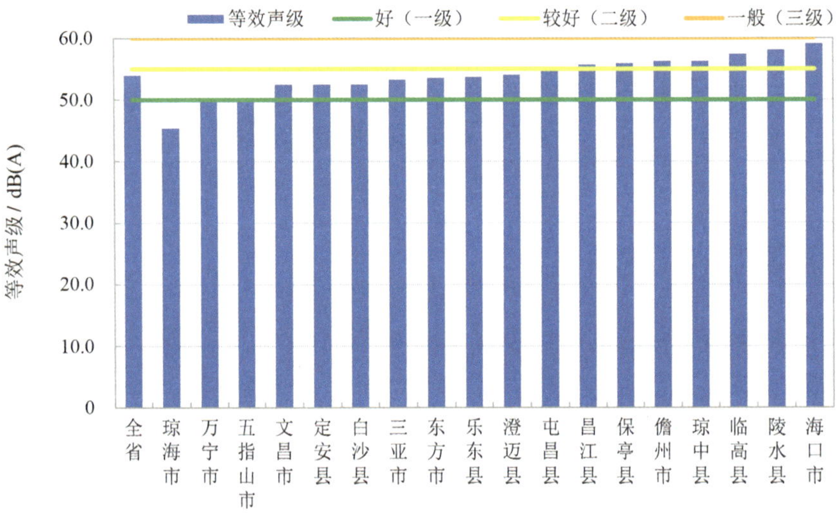


图 2-8-2　2022 年海南省及各市县区域昼间声环境质量

## （二）声源评价

2022 年，海南省区域昼间声环境质量声源构成中社会生活噪声所占比例最大，交通噪声次之。声源构成中，社会生活噪声占比为 61.0%，交通噪声占比为 25.7%，工业噪声占比为 10.2%，施工噪声占比为 3.1%（图 2-8-3）。

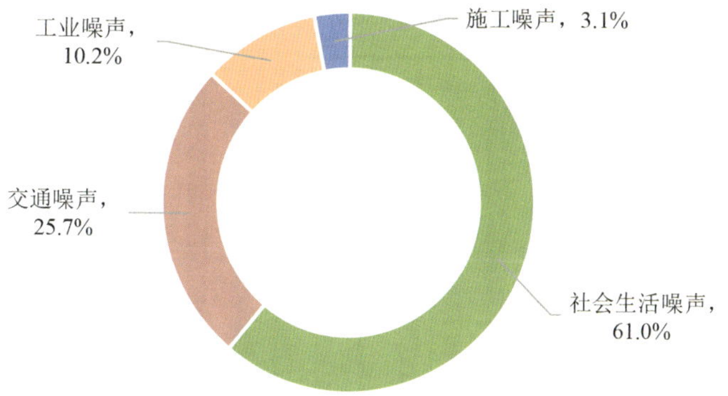


图 2-8-3 2022 年海南省区域昼间声环境质量声源构成

18 个市县（不含三沙市）区域昼间声环境质量声源构成差异较大，澄迈、白沙 2 个市县声源构成以工业噪声为主，三亚、东方、定安、乐东 4 个市县声源构成以社会生活噪声为主，其余 12 个市县声源构成以社会生活噪声和交通噪声为主，施工噪声在各市县声源构成中的占比均较小。

## 二、道路交通声环境质量现状

### （一）等级评价

2022 年，海南省道路交通昼间声环境质量总体水平为好（一级），平均等效声级为 65.5 dB（A）。

海南省 18 个市县（不含三沙市）中，昌江县道路交通昼间声环境质量为较好（二级），占比为 5.6%；其余 17 个市县道路交通昼间声环境质量为好（一级），占比为 94.4%。18 个市县平均等效声级为 60.1 ～ 68.3 dB（A）（图 2-8-4 和图 2-8-5）。

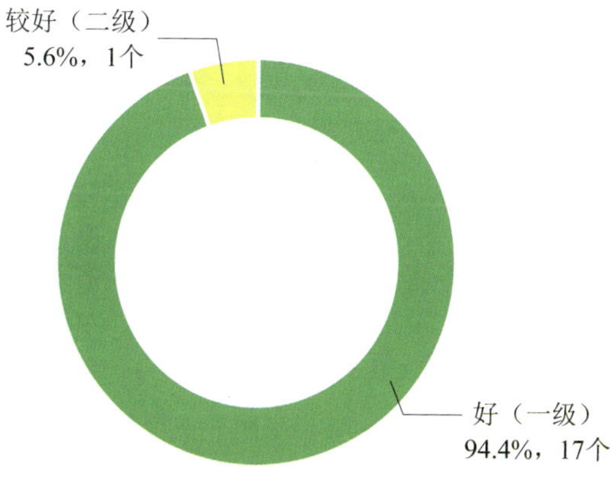


图 2-8-4 2022 年海南省各市县道路交通昼间声环境质量分布比例

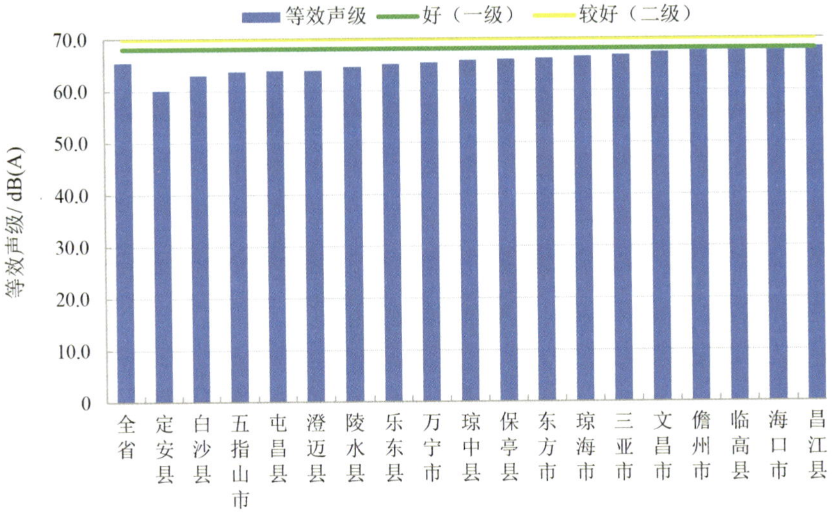


图 2-8-5　2022 年海南省及各市县道路交通昼间声环境质量

## （二）超 70 dB（A）路段评价

2022 年，海南省昼间道路交通声环境质量平均等效声级超过 70 dB（A）（二级）的路段长度为 129.3 km，占监测路段总长度的 13.5%。

18 个市县（不含三沙市）中，五指山、万宁、定安、屯昌、澄迈、白沙、陵水 7 个市县均无超 70 dB（A）路段；其余市县存在超 70 dB（A）路段，超 70 dB（A）路段长度比例为 6.1% ~ 33.7%，其中昌江县超 70 dB（A）路段长度为 8.8 km，占总监测路段长度的 33.7%，占比最大（图 2-8-6）。

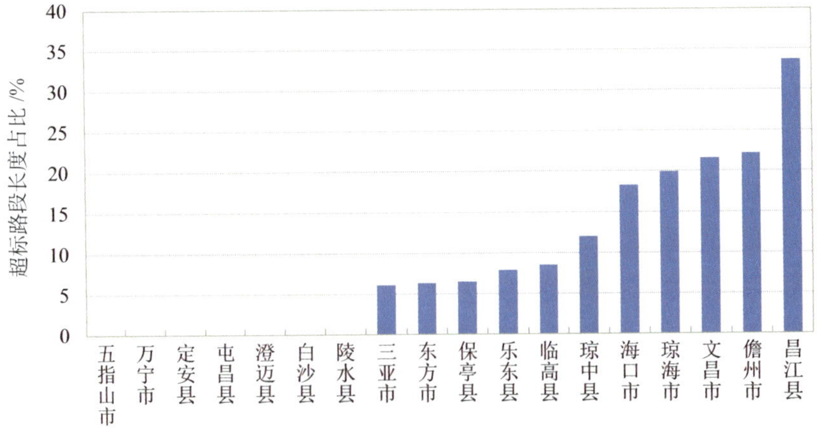


图 2-8-6　2022 年海南省及各市县道路交通昼间声环境超 70 dB（A）路段长度占比

## 三、功能区声环境质量现状

### （一）达标率评价

#### 1. 海南省达标率评价

2022 年，海南省各类声环境功能区昼间总点次达标率为 92.7%，夜间总点次达标率为 84.0%。其中，1 类功能区（文教居住区）昼间、夜间达标率分别为 78.7%、70.4%；2 类功能区（居住、商业、工业混杂区）昼间、夜间达标率分别为 94.0%、92.6%；3 类功能区（工业区）昼间、夜间达标率分别为 100%、87.5%；4a 类功能区（交通干线两侧区域）昼间、夜间达标率分别为 100%、82.0%；4b 类功能区（铁路干线两侧区域）昼间、夜间达标率分别为 100%、16.7%。各类功能区中，4b 类功能区夜间达标率明显低于其他类功能区（图 2-8-7）。

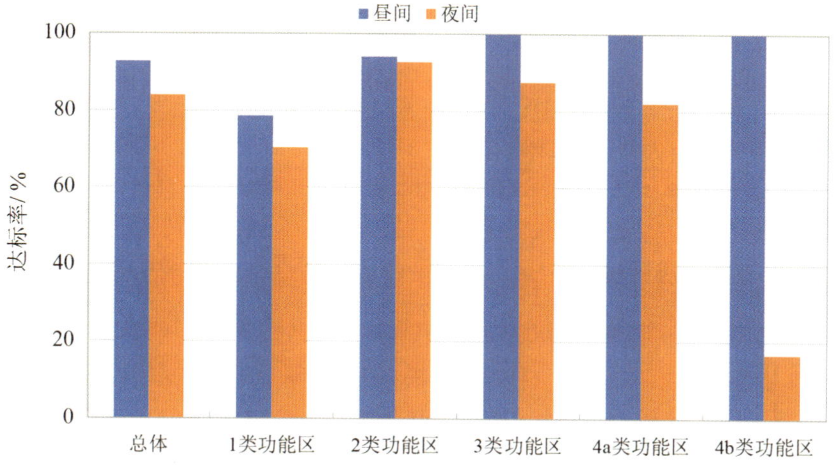


图 2-8-7　2022 年海南省各类声环境功能区昼间、夜间达标率

#### 2. 各市县达标率评价

2022 年，18 个市县（不含三沙市）各类声环境功能区昼间总点次达标率为 56.0% ～ 100%，夜间监测点次达标率为 48.0% ～ 100%。其中，1 类功能区昼间、夜间达标率为 0 ～ 100%；2 类功能区昼间、夜间达标率分别为 77.8% ～ 100%、68.8% ～ 100%；3 类功能区、4a 类功能区、4b 类功能区昼间达标率均为 100%，夜间达标率分别为 50.0% ～ 100%、0 ～ 100%、0 ～ 50.0%。

## （二）等效声级评价

### 1. 海南省等效声级评价

2022 年，海南省 4b 类功能区夜间平均等效声级超标，其余各类功能区昼间、夜间平均等效声级均达标。其中，1 类功能区昼间平均等效声级为 51 dB（A），夜间为 44 dB（A）；2 类功能区昼间平均等效声级为 53 dB（A），夜间为 45 dB（A）；3 类功能区昼间平均等效声级为 58 dB（A），夜间为 50 dB（A）；4a 类功能区昼间平均等效声级为 57 dB（A），夜间为 50 dB（A）；4b 类功能区昼间平均等效声级为 66 dB（A），夜间为 64 dB（A）（图 2-8-8）。

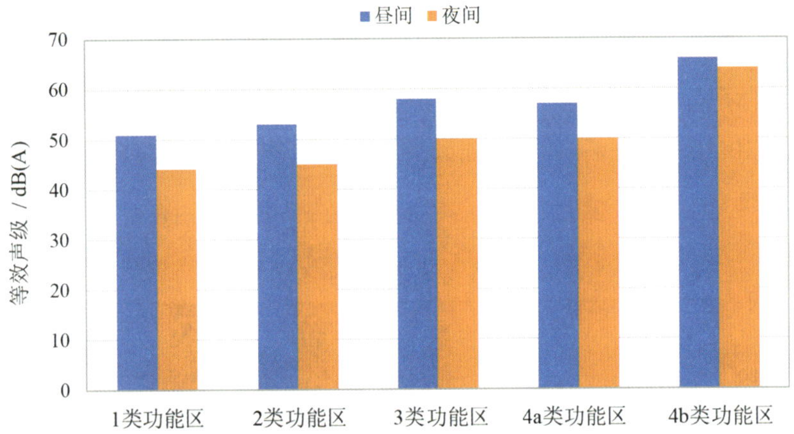


图 2-8-8　2022 年海南省各类功能区昼间、夜间声环境质量

### 2. 各市县等效声级评价

海南省 18 个市县（不含三沙市）1 类功能区昼间平均等效声级为 40 ~ 60 dB（A），儋州、东方、澄迈、乐东 4 个市县超标，其余市县均达标；夜间平均等效声级为 36 ~ 56 dB（A），儋州、东方、屯昌、澄迈、昌江 5 个市县超标，其余市县均达标。

海南省 18 个市县（不含三沙市）2 类功能区昼间平均等效声级为 46 ~ 57 dB（A），夜间平均等效声级为 41 ~ 48 dB（A），均达标。

海南省 18 个市县（不含三沙市）3 类功能区昼间平均等效声级为 52 ~ 62 dB（A），均达标；夜间平均等效声级为 47 ~ 56 dB（A），定安县超标，其余市县均达标。

海南省 18 个市县（不含三沙市）4a 类功能区昼间平均等效声级为 50 ~ 66 dB（A），均达标；夜间平均等效声级为 41 ~ 59 dB（A），儋州、东方、昌江 3 个市县超标，其余市县均达标。

海南省 18 个市县（不含三沙市）4b 类功能区昼间平均等效声级为 62 ~ 68 dB（A），均达标；夜间平均等效声级为 63 ~ 66 dB（A），均超标。

# 第二节　声环境质量时空变化规律分析

## 一、区域声环境质量空间变化规律分析

2022 年，海南省区域昼间声环境质量为好（一级）的市县仅琼海 1 个；三亚、五指山、文昌、万宁、东方、定安、屯昌、澄迈、白沙、乐东 10 个市县为较好（二级）；海口、儋州、临高、昌江、陵水、保亭、琼中 7 个市县为一般（三级），主要集中在西部和南部。

## 二、道路交通声环境质量空间变化规律分析

2022 年，海南省道路交通昼间声环境质量为较好（二级）的市县仅昌江 1 个，其余 17 个市县昼间声环境质量均为好（一级），整体呈现出海南省各市县道路交通昼间声环境质量差异较小的空间分布特征。

## 三、功能区声环境质量时空变化规律分析

### （一）空间分布规律

2022 年，海南省东部地区声环境功能区监测点次达标率较高，文昌市、琼海市、万宁市昼间监测点次达标率在 96.0% 以上，夜间监测点次达标率均为 100%；西部地区功能区声环境监测点次达标率较低，儋州市、东方市昼间监测点次达标率分别为 56.0%、75.0%，夜间监测点次达标率分别为 48.0%、50.0%，均处于海南省较差水平。

### （二）时间分布规律

#### 1. 海南省功能区达标率时间分布

2022 年，海南省各季度声环境功能区昼间总点次达标率均高于夜间。各季度昼间总点次达标率为 92.1%（第一季度）～ 93.5%（第四季度），保持稳定；各季度夜间总点次达标率为 80.0%（第二季度）～ 88.6%（第一季度），呈先下降后上升趋势（图 2-8-9）。

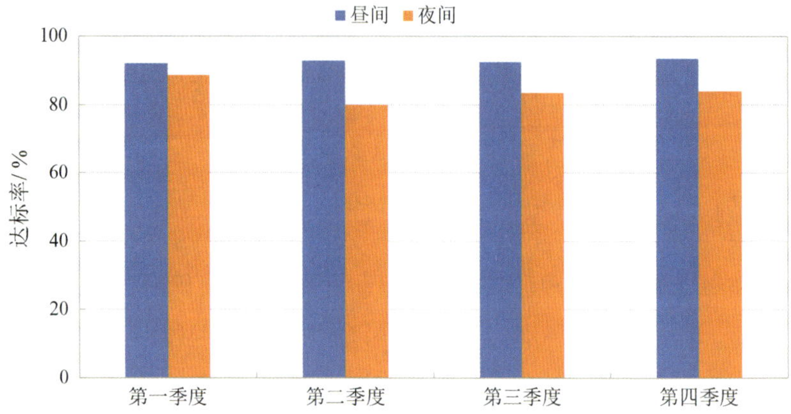


图 2-8-9　2022 年海南省各季度声环境功能区昼间、夜间达标率

## 2. 各市县功能区达标率时间分布

2022 年，海南省 18 个市县（不含三沙市）中，儋州、东方、乐东 3 个市县各季度声环境功能区昼间总点次达标率分别为 0 ～ 75.0%、57.1% ～ 85.7%、71.4% ～ 100%，变化幅度较大；文昌、万宁、临高、陵水、保亭 5 个市县各季度昼间总点次达标率均为 100%，海口市为 93.3%，保持稳定；其余市县各季度昼间总点次达标率为 80.0% ～ 100%，变化幅度较小（图 2-8-10）。

海南省 18 个市县（不含三沙市）中，五指山、定安、澄迈 3 个市县各季度声环境功能区夜间总点次达标率为 80.0% ～ 100%，琼中县为 71.4% ～ 85.7%，变化幅度较小；琼海、文昌、万宁、临高、白沙 5 个市县各季度夜间总点次达标率均为 100%，昌江县均为 57.1%，保持稳定；其余市县各季度昼间总点次达标率变化幅度较大（图 2-8-11）。

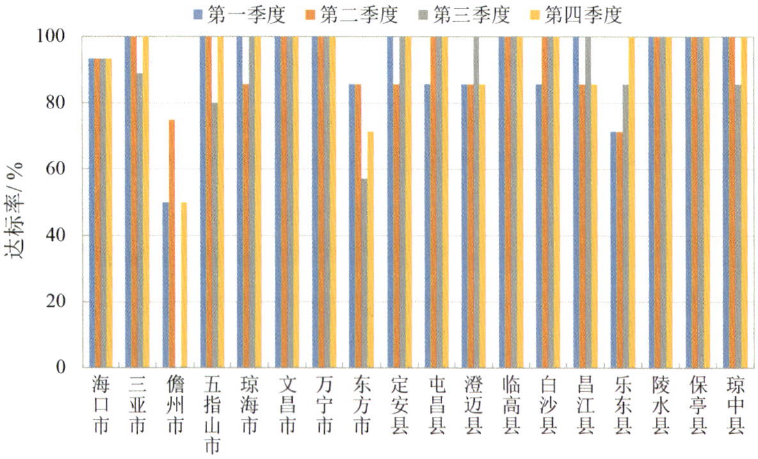


图 2-8-10　2022 年各季度各市县声环境功能区昼间达标率

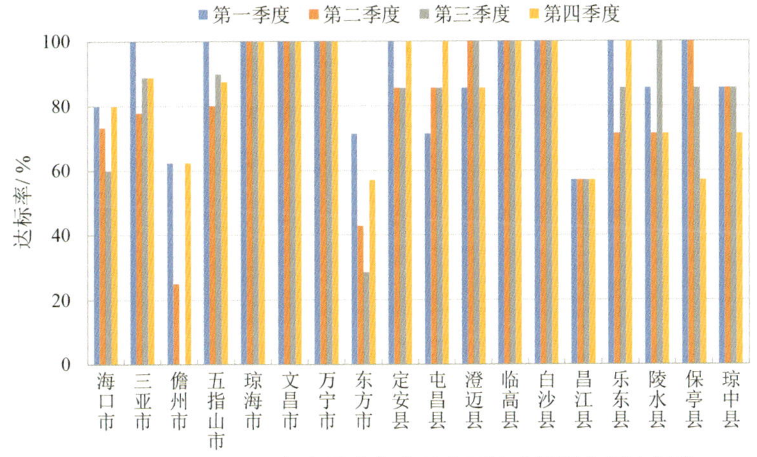

图 2-8-11　2022 年各季度各市县声环境功能区夜间达标率

# 第三节　声环境质量年度对比分析

## 一、区域声环境质量年度对比

与 2021 年相比，2022 年海南省区域昼间声环境质量总体保持较好，平均等效声级下降 0.2 dB（A）；区域昼间声环境质量为好（一级）的市县数量上升 1 个，较好（二级）的市县数量下降 1 个。

与 2021 年相比，2022 年海南省区域昼间声环境质量声源构成中，工业、交通噪声占比分别上升 4.4、1.5 个百分点，社会生活、施工噪声占比分别下降 3.9、2.0 个百分点（图 2-8-12）。

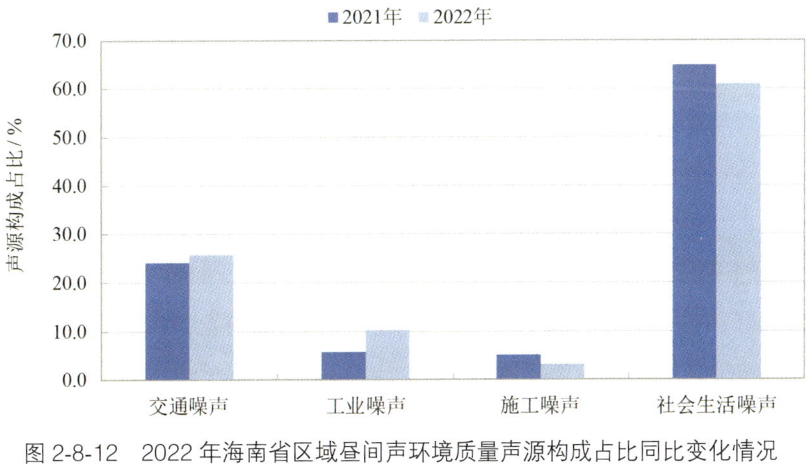

图 2-8-12　2022 年海南省区域昼间声环境质量声源构成占比同比变化情况

从监测数据分析，儋州、东方、屯昌、澄迈、临高、白沙、乐东、保亭 8 个市县等效声级有所上升，上升幅度为 0.2 ～ 3.0 dB（A）；海口、三亚、五指山、琼海、文昌、万宁、定安、昌江、陵水、琼中 10 个市县等效声级有所下降，下降幅度为 0.1 ～ 7.3 dB（A）。

从城市区域昼间噪声总体水平等级分析，琼海市区域昼间声环境质量有所好转，由较好上升为好；其余市县区域昼间声环境质量等级无变化（图 2-8-13）。

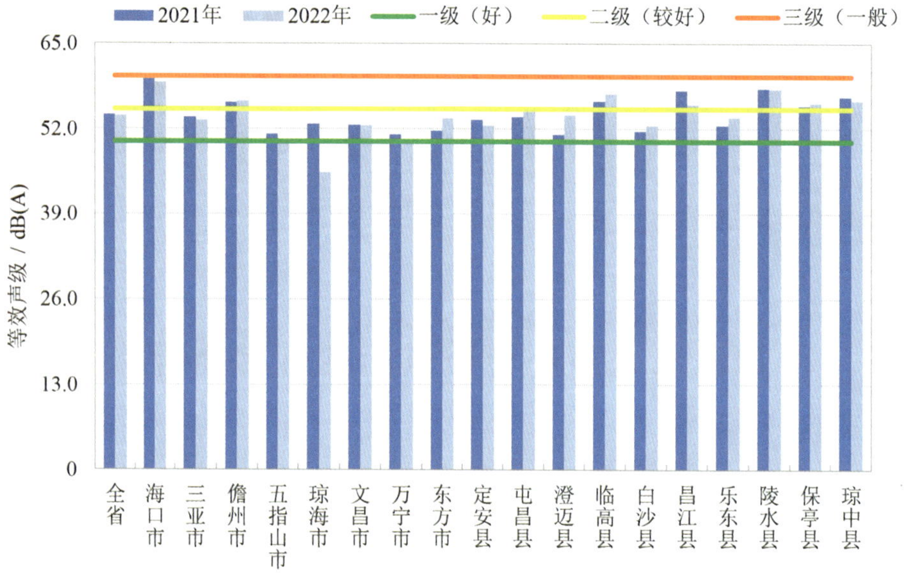


图 2-8-13　2022 年海南省及各市县区域昼间声环境质量同比变化情况

## 二、道路交通声环境质量年度对比

与 2021 年相比，2022 年海南省道路交通昼间声环境质量总体保持为好，平均等效声级上升 0.9 dB（A）；道路交通昼间声环境质量各评价等级的市县数量持平。

从监测数据分析，万宁、东方、屯昌、澄迈、临高、昌江、乐东 7 个市县平均等效声级有所上升，上升幅度为 1.2 ～ 7.1 dB（A）；海口、三亚、儋州、五指山、琼海、文昌、定安、白沙、陵水、保亭、琼中 11 个市县平均等效声级有所下降，下降幅度为 0.1 ～ 1.8 dB（A）（图 2-8-14）。

从城市道路交通昼间噪声强度等级分析，琼海市道路交通昼间声环境质量有所好转，由较好上升为好；昌江县道路交通昼间声环境质量有所下降，由好下降为较好；其余市县道路交通昼间声环境质量等级无变化。

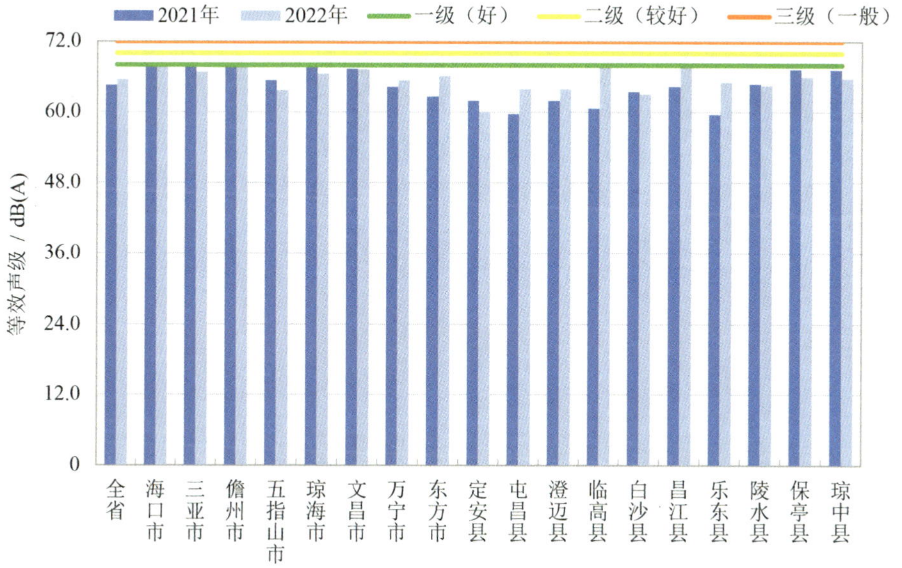


图 2-8-14　2022 年海南省及各市县道路交通昼间声环境质量同比变化情况

## 三、功能区声环境质量年度对比

### （一）达标率年度对比

#### 1. 总体达标率年度对比

与 2021 年相比，2022 年海南省声环境功能区昼间总点次达标率持平；儋州、琼海、定安、澄迈、白沙 5 个市县功能区昼间总点次达标率下降，下降幅度为 3.6 ~ 23.2 个百分点；海口、三亚、五指山、东方、乐东、琼中 6 个市县功能区昼间总点次达标率上升，上升幅度为 2.8 ~ 10.7 个百分点；其余市县功能区昼间总点次达标率均持平（图 2-8-15）。

海南省声环境功能区夜间总点次达标率上升 0.2 个百分点；儋州、五指山、东方、定安、澄迈、昌江、保亭 7 个市县功能区夜间总点次达标率下降，下降幅度为 2.0 ~ 21.5 个百分点；海口、三亚、临高、白沙、乐东、陵水、琼中 7 个市县功能区夜间总点次达标率上升，上升幅度为 4.2 ~ 22.6 个百分点；其余市县功能区夜间总点次达标率均持平（图 2-8-16）。

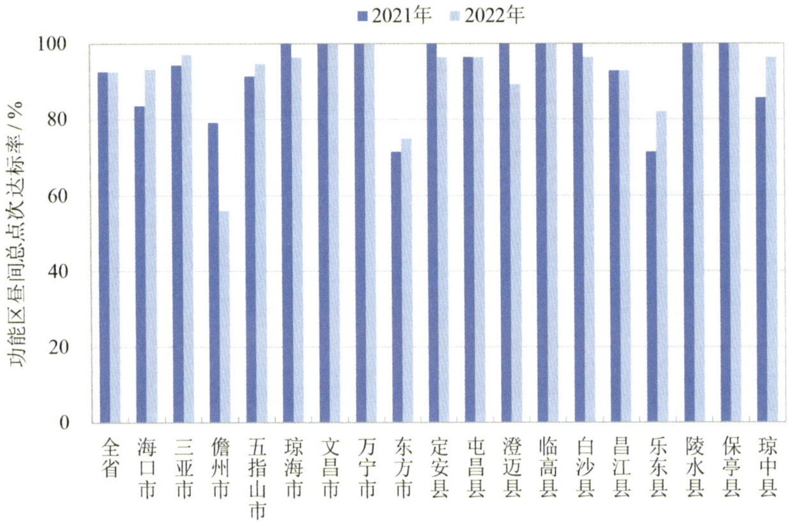


图 2-8-15　2022 年海南省及各市县声环境功能区昼间总点次达标率同比变化情况

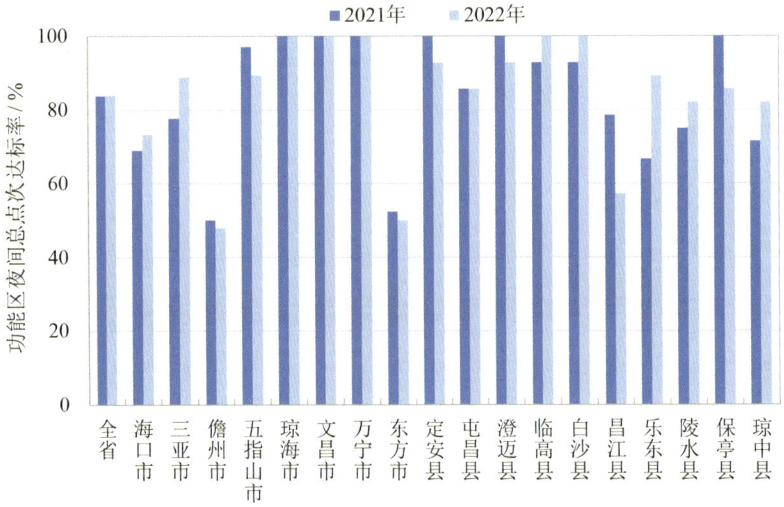


图 2-8-16　2022 年海南省及各市县声环境功能区夜间总点次达标率同比变化情况

## 2. 各类功能区达标率年度对比

与 2021 年相比，2022 年海南省 1 类功能区昼间达标率下降 3.7 个百分点；儋州、琼海、东方、澄迈、白沙 5 个市县 1 类功能区昼间达标率下降，下降幅度为 25.0 ～ 75.0 个百分点；海口、三亚、五指山、屯昌、乐东、琼中 6 个市县 1 类功能区昼间达标率上升，上升幅度为 11.1 ～ 33.3 个百分点；其余市县 1 类功能区昼间达标率均持平（图 2-8-17）。海南省 1 类功能区夜间达标率上升 1.8 个百分点；儋州、五指山、澄迈、昌江 4 个市县 1 类功能区夜间达标率下降，下降幅度为 3.3 ～ 50.0 个百分点；海口、三亚、屯昌、临高、白沙、乐东、陵水、琼中 8 个市县 1 类功能区夜间达标率上升，上升幅度为 8.3 ～ 50.0 个百分点；其余市县 1 类功能区夜间达标率均持平（图 2-8-18）。

图 2-8-17　2022 年海南省及各市县 1 类功能区昼间达标率同比变化情况

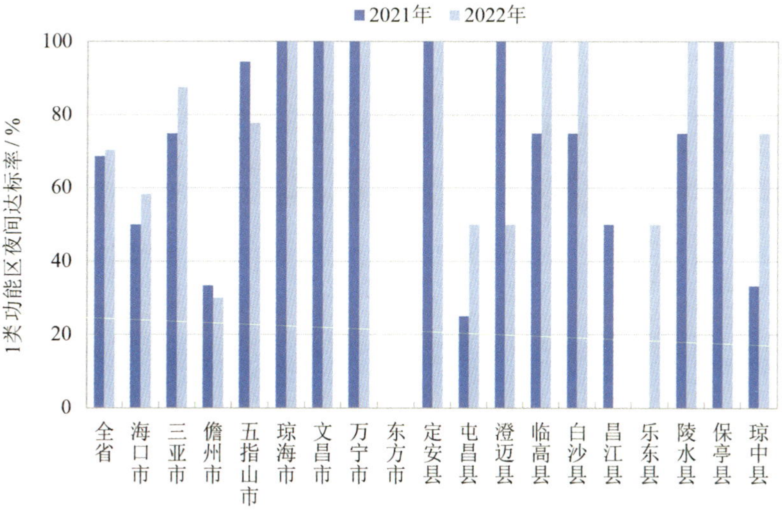


图 2-8-18　2022 年海南省及各市县 1 类功能区夜间达标率同比变化情况

与 2021 年相比，2022 年海南省 2 类功能区昼间达标率上升 0.9 个百分点；儋州、五指山、定安、屯昌 4 个市县 2 类功能区昼间达标率下降，下降幅度为 5.0 ～ 22.2 个百分点；海口、东方、乐东、琼中 4 个市县 2 类功能区昼间达标率上升，上升幅度为 10.5 ～ 14.6 个百分点；其余市县 2 类功能区昼间达标率均持平（图 2-8-19）。海南省 2

类功能区夜间达标率上升 4.9 个百分点；屯昌、保亭 2 个市县 2 类功能区夜间达标率分别下降 5.0、12.5 个百分点；海口、三亚、儋州、东方、白沙、昌江、乐东、琼中 8 个市县 2 类功能区夜间达标率上升，上升幅度为 2.1 ～ 27.1 个百分点；其余市县 2 类功能区夜间达标率均持平（图 2-8-20）。

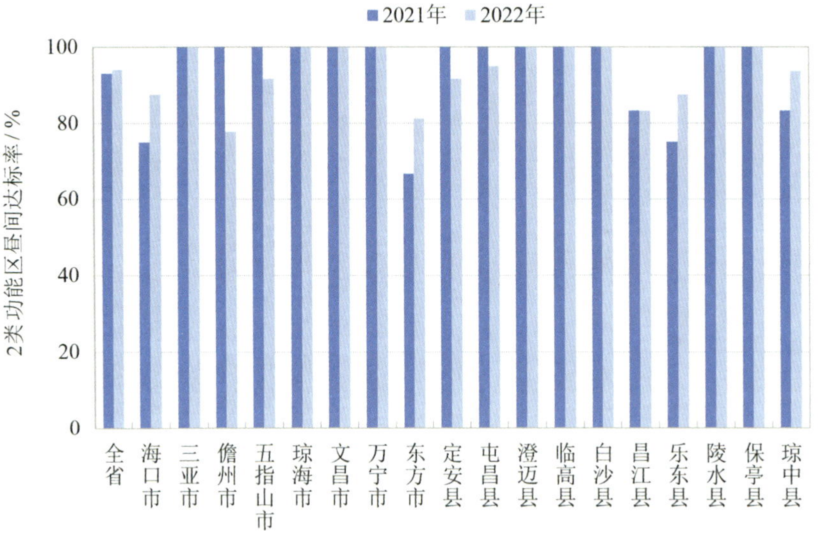


图 2-8-19　2022 年海南省及各市县 2 类功能区昼间达标率同比变化情况

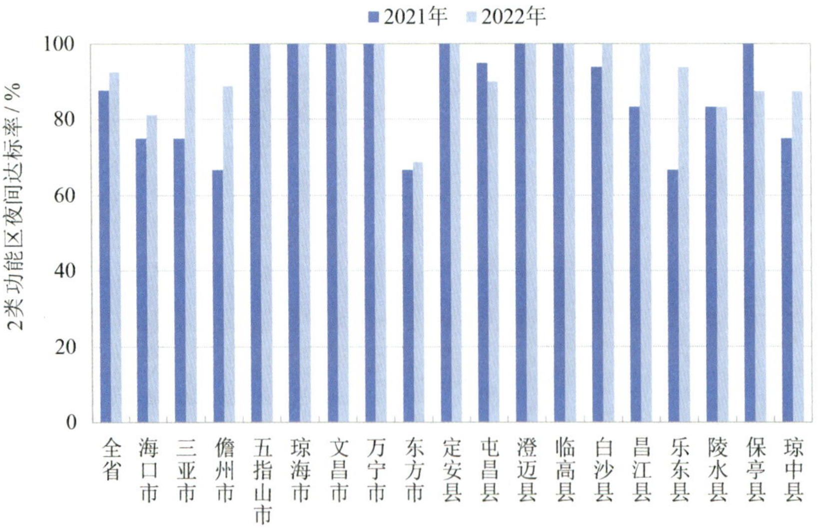


图 2-8-20　2022 年海南省及各市县 2 类功能区夜间达标率同比变化情况

与 2021 年相比，2022 年海南省及各市县 3 类功能区昼间达标率均持平。海南省 3 类功能区夜间达标率下降 8.3 个百分点；海口、定安 2 个市县分别下降 12.5、50.0 个百分点，昌江县 3 类功能区昼间达标率上升 25.0 个百分点，其余市县 3 类功能区昼间达标率均持平（图 2-8-21）。

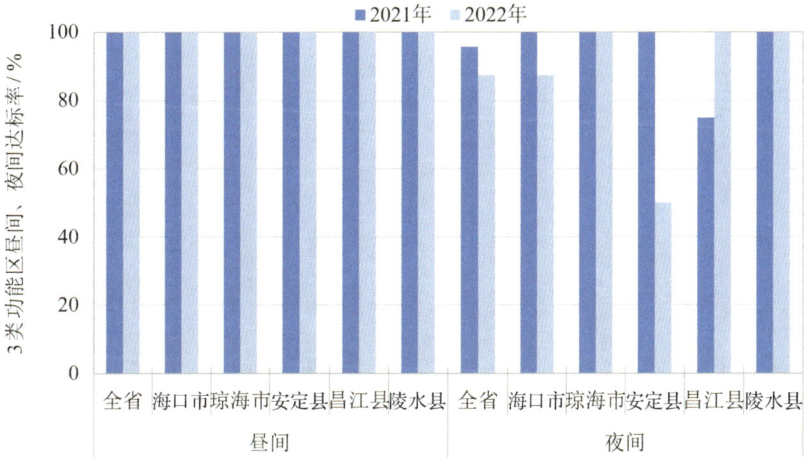


图 2-8-21 2022 年海南省及各市县 3 类功能区昼间、夜间达标率同比变化情况

与 2021 年相比，2022 年海南省 4a 类功能区昼间达标率上升 0.9 个百分点；儋州市上升 16.7 个百分点，其余市县 4a 类功能区昼间达标率均持平（图 2-8-22）。海南省 4a 类功能区夜间达标率下降 5.4 个百分点；三亚、儋州、昌江、保亭、琼中 5 个市县 4a 类功能区夜间达标率下降，下降幅度为 8.3 ～ 75.0 个百分点；海口、东方、陵水 3 个市县 4a 类功能区夜间达标率上升，上升幅度为 12.5 ～ 25.0 个百分点；其余市县 4a 类功能区夜间达标率均持平（图 2-8-23）。

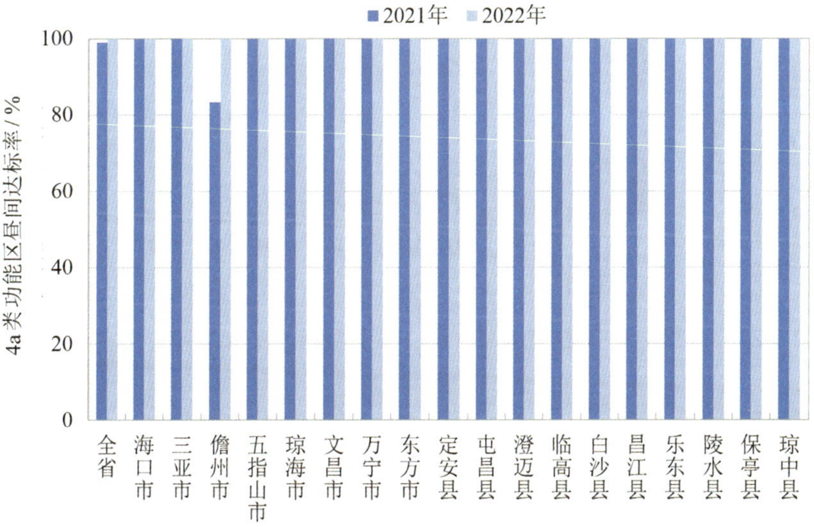


图 2-8-22 2022 年海南省及各市县 4a 类功能区昼间达标率同比变化情况

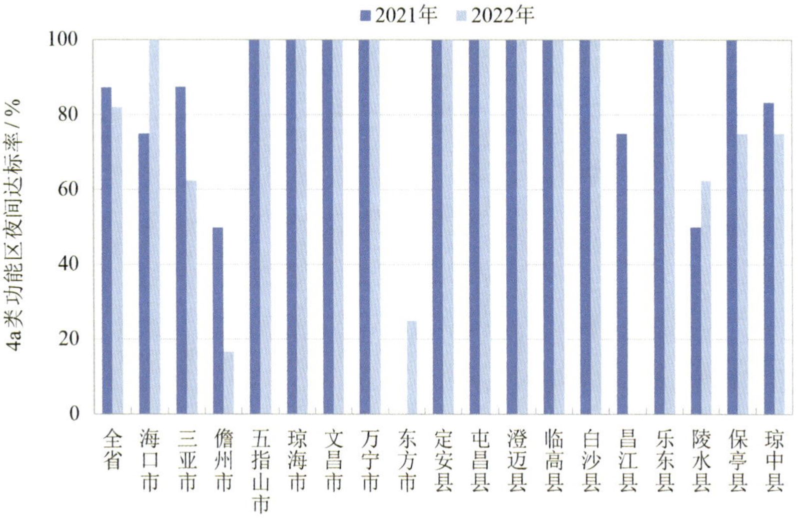


图 2-8-23　2022 年海南省及各市县 4a 类功能区夜间达标率同比变化情况

与 2021 年相比，2022 年海南省及各市县 4b 类功能区昼间达标率均持平。海南省 4b 类功能区夜间达标率下降 53.3 个百分点，东方市、昌江县 4b 类功能区夜间达标率分别下降 50.0、100 个百分点，海口市 4b 类功能区夜间达标率持平（图 2-8-24）。

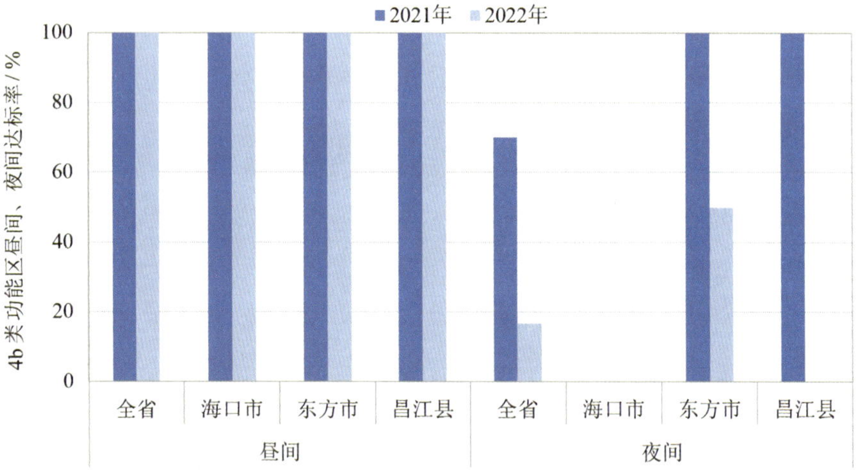


图 2-8-24　2022 年海南省及各市县 4b 类功能区昼间、夜间达标率同比变化情况

## （二）等效声级年度对比

与 2021 年相比，2022 年海南省 1 类功能区昼间等效声级持平；儋州、五指山、东方、定安、澄迈、昌江 6 个市县 1 类功能区昼间等效声级上升，上升幅度为 1 ～ 8 dB（A）；

白沙县 1 类功能区昼间等效声级持平；其余市县 1 类功能区昼间等效声级均下降，下降幅度为 1 ～ 6 dB（A）（图 2-8-25）。海南省 1 类功能区夜间等效声级上升 1 dB（A）；五指山、琼海、东方、定安、澄迈、昌江 6 个市县 1 类功能区夜间等效声级上升，上升幅度为 2 ～ 7 dB（A）；海口、儋州、文昌、万宁、屯昌 5 个市县 1 类功能区夜间等效声级持平；其余市县 1 类功能区夜间等效声级均下降，下降幅度为 1 ～ 4 dB（A）（图 2-8-26）。

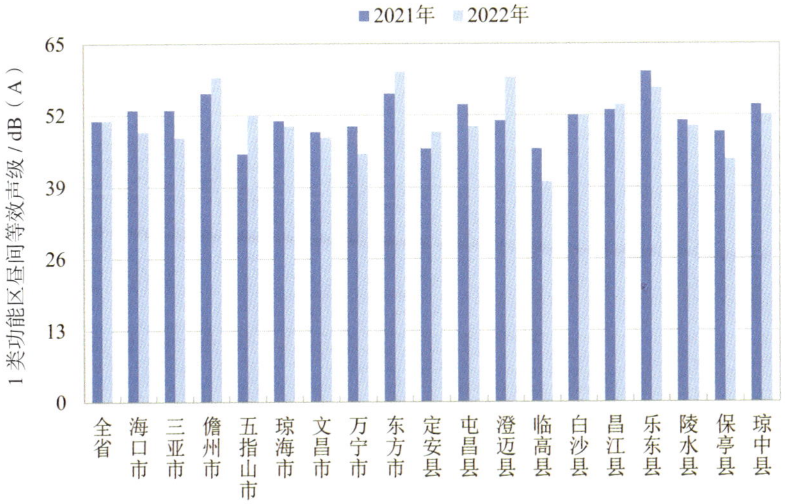


图 2-8-25　2022 年海南省及各市县 1 类功能区昼间等效声级同比变化情况

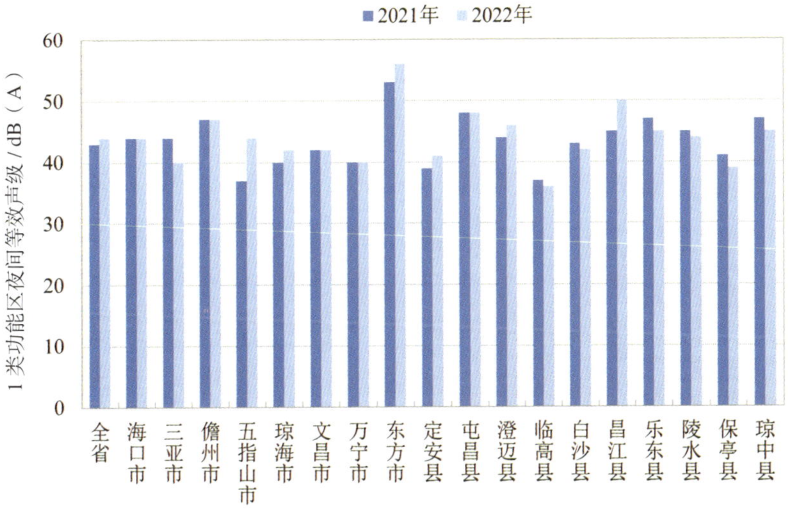


图 2-8-26　2022 年海南省及各市县 1 类功能区夜间等效声级同比变化情况

与 2021 年相比，2022 年海南省 2 类功能区昼间等效声级持平；儋州、五指山、文昌、万宁、定安、澄迈、临高、白沙、乐东、保亭 10 个市县 2 类功能区昼间等效声级上升，上升幅度为 1 ～ 8 dB（A）；昌江县和陵水县 2 类功能区昼间等效声级持平；其余市县 2 类功能区昼间等效声级均下降，下降幅度为 1 ～ 4 dB（A）（图 2-8-27）。海南省 2 类功能区夜间等效声级持平；五指山、万宁、定安、屯昌、澄迈、临高、保亭 7 个市县 2 类功能区夜间等效声级均上升，上升幅度为 1 ～ 6 dB（A）；海口、文昌、陵水 3 个市县 2 类功能区夜间等效声级持平；其余市县 2 类功能区夜间等效声级均下降，下降幅度为 1 ～ 3 dB（A）（图 2-8-28）。

图 2-8-27　2022 年海南省及各市县 2 类功能区昼间等效声级同比变化情况

图 2-8-28　2022 年海南省及各市县 2 类功能区夜间等效声级同比变化情况

与 2021 年相比，2022 年海南省 3 类功能区昼间等效声级上升 1 dB（A）；海口市和定安县 3 类功能区昼间等效声级分别上升 1 dB（A）和 4 dB（A）；昌江县 3 类功能区昼间等效声级持平；琼海市、陵水县3类功能区昼间等效声级分别下降3 dB（A）、1 dB（A）。全省3类功能区夜间等效声级持平；定安县3类功能区夜间等效声级上升6 dB（A）；其余市县3类功能区夜间等效声级均下降，下降幅度为1～2 dB（A）（图2-8-29）。

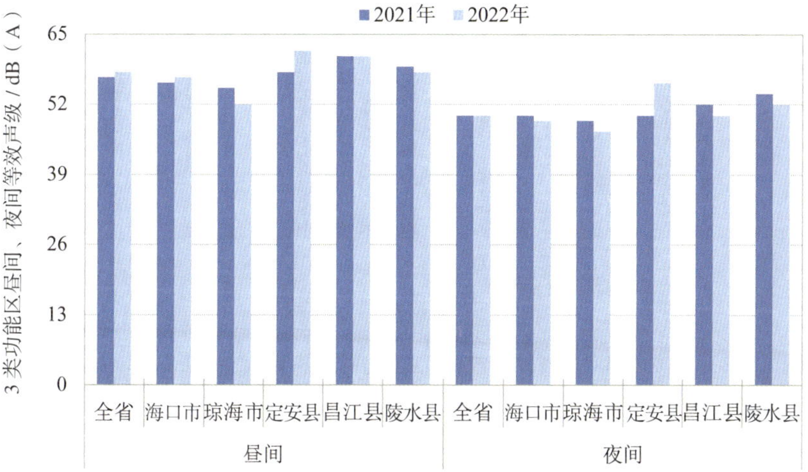


图2-8-29 2022年海南省及各市县3类功能区昼间、夜间等效声级同比变化情况

与2021年相比，2022年海南省4a类功能区昼间等效声级上升1 dB（A）；海口、五指山、澄迈、临高、昌江、乐东、保亭7个市县4a类功能区昼间等效声级上升，上升幅度为1～22 dB（A）；儋州、文昌、定安、屯昌4个市县4a类功能区昼间等效声级持平；其余市县4a类功能区昼间等效声级均下降，下降幅度为1～5 dB（A）（图2-8-30）。海南省4a类功能区夜间等效声级上升1 dB（A）；三亚、儋州、五指山、文昌、定安、澄迈、临高、昌江、乐东、保亭10个市县4a类功能区夜间等效声级上升，上升幅度为1～19 dB（A）；海口市和白沙县4a类功能区夜间等效声级持平；其余市县4a类功能区夜间等效声级均下降，下降幅度为1～4 dB（A）（图2-8-31）。

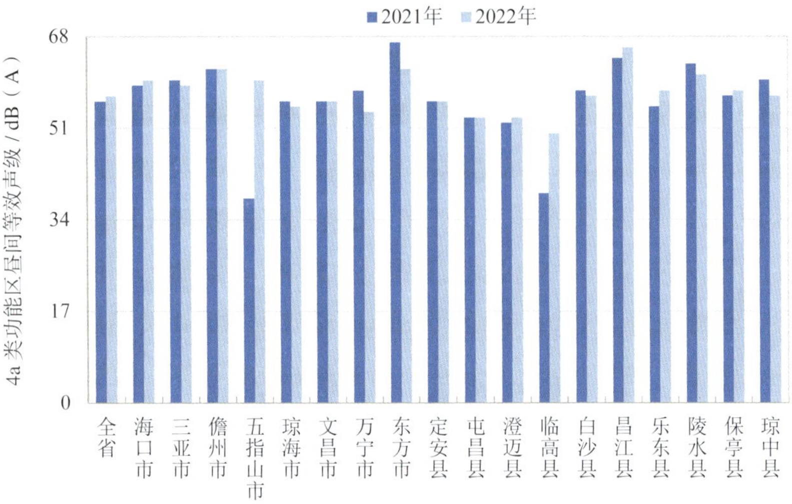


图 2-8-30　2022 年海南省及各市县 4a 类功能区昼间等效声级同比变化情况

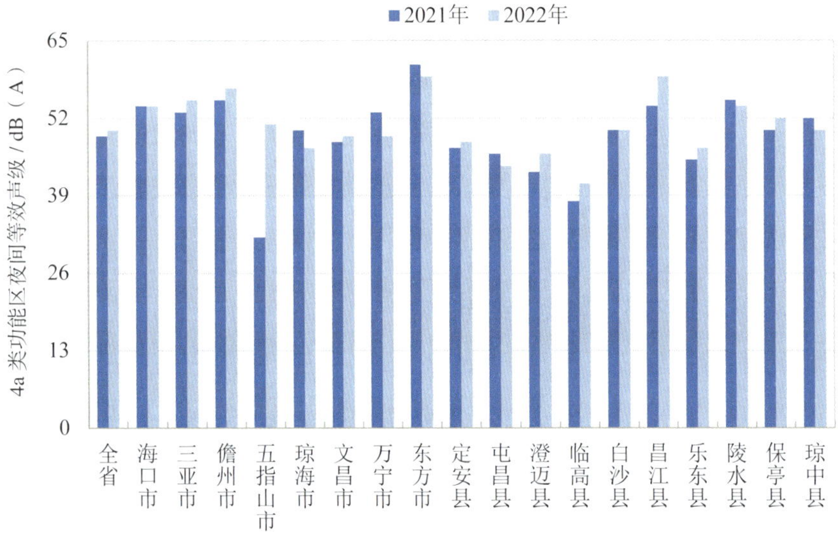


图 2-8-31　2022 年海南省及各市县 4a 类功能区夜间等效声级同比变化情况

与 2021 年相比，2022 年海南省 4b 类功能区昼间等效声级上升 6 dB（A），东方市、昌江县 4b 类功能区昼间等效声级分别上升 9 dB（A）、5 dB（A），海口市 4b 类功能区昼间等效声级持平。海南省 4b 类功能区夜间等效声级上升 8 dB（A），东方市、昌江县 4b 类功能区夜间等效声级分别上升 7 dB（A）、15 dB（A），海口市 4b 类功能区夜间等效声级持平（图 2-8-32）。

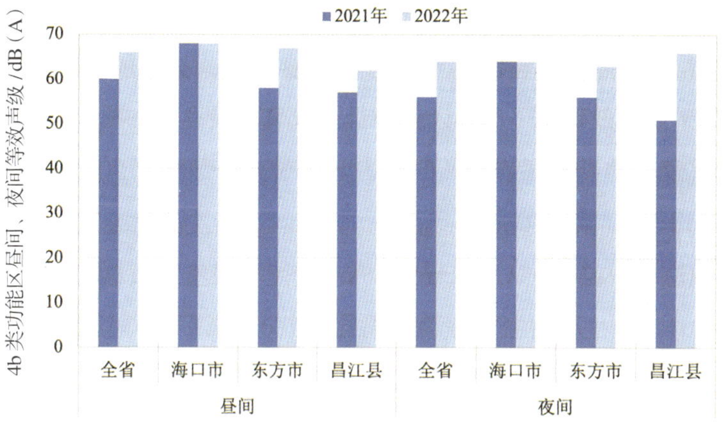


图 2-8-32　2022 年海南省及各市县 4b 类功能区昼间、夜间等效声级同比变化情况

# 第四节　声环境质量年际（2016—2022 年）变化趋势分析

## 一、区域声环境质量

### （一）海南省区域声环境质量年际变化

2016—2022 年，海南省区域昼间声环境质量均为较好，平均等效声级为 53.2 ～ 54.3 dB（A），呈先上升后下降趋势，秩相关系数法分析结果表明无显著变化趋势。

与 2016 年相比，2022 年海南省区域昼间声环境质量总体保持稳定，平均等效声级上升 0.8 dB（A）（图 2-8-33）。

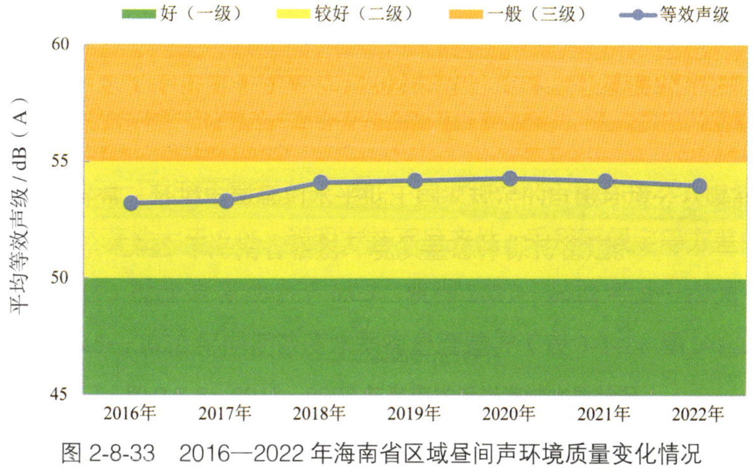


图 2-8-33　2016—2022 年海南省区域昼间声环境质量变化情况

2016—2022 年，海南省区域昼间噪声声源构成变化不大。社会生活噪声占比稳定在 61.0% 以上，为影响海南省区域昼间声环境质量的主要声源，2020 年起呈逐年下降趋势；交通噪声占比保持在 24.0% ～ 27.9%，为仅次于社会生活噪声的主要声源，2020 年起呈逐年上升趋势；工业噪声、施工噪声近 5 年占比明显高于前两年，工业噪声、施工噪声占比分别控制在 11.0%、6.0% 以内。

与 2016 年相比，2022 年海南省区域昼间噪声声源中社会生活噪声、交通噪声占比分别下降 8.8、1.7 个百分点，工业噪声、施工噪声占比分别上升 8.4、2.1 个百分点（图 2-8-34）。

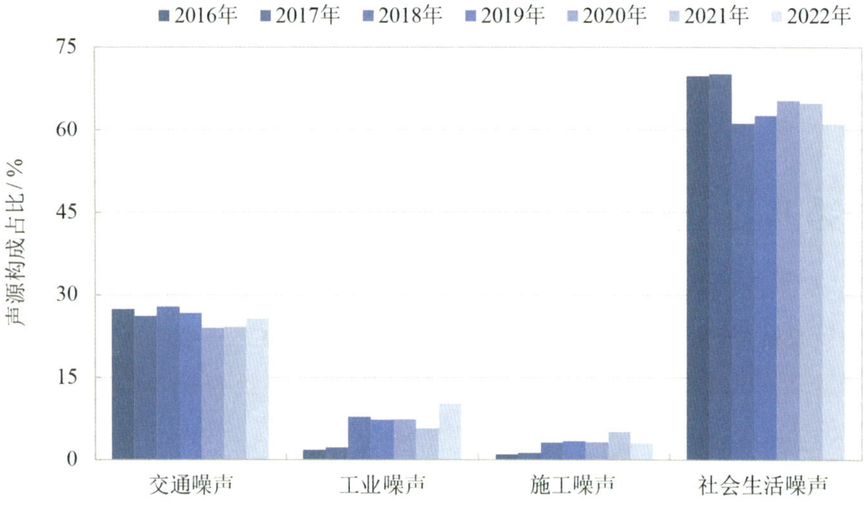


图 2-8-34　2016—2022 年海南省区域昼间声环境质量声源构成占比变化情况

### （二）市县区域声环境质量年际变化

采用秩相关系数法对 2016—2022 年海南省 18 个市县（不包括三沙市）区域昼间平均等效声级的变化特征进行分析，结果表明，海口、白沙、昌江、陵水、保亭 5 个市县区域昼间平均等效声级上升趋势显著，五指山、文昌、东方、澄迈 4 个市县区域昼间平均等效声级下降趋势显著，其余市县区域昼间平均等效声级无显著变化趋势。

## 二、道路交通声环境质量

### （一）海南省道路交通声环境质量年际变化

2016—2022 年，海南省道路交通昼间声环境质量均为好，平均等效声级为

64.6 ~ 67.1 dB（A），呈下降趋势，秩相关系数法分析结果表明下降趋势显著。

与 2016 年相比，2022 年海南省道路交通昼间声环境质量总体保持稳定，平均等效声级下降 1.6 dB（A）（图 2-8-35）。

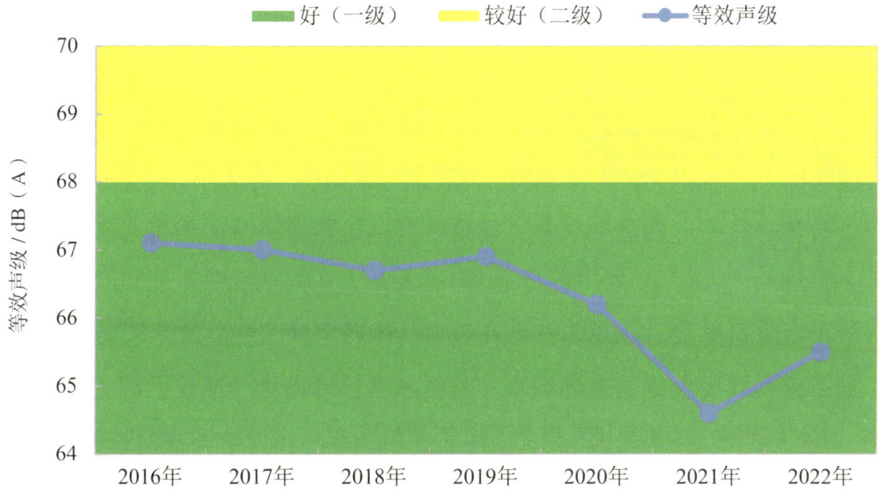


图 2-8-35 2016—2022 年海南省道路交通昼间声环境质量

### （二）市县道路交通声环境质量年际变化

采用秩相关系数法对 2016—2022 年海南省 18 个市县（不含三沙市）道路交通昼间平均等效声级的变化特征进行分析，结果表明，海口、琼海、定安、澄迈、白沙、陵水、琼中 7 个市县道路交通昼间平均等效声级下降趋势显著，其余市县道路交通昼间平均等效声级无显著变化趋势。

## 第五节 变化原因分析

### 一、人民群众对和谐安宁生活环境的需求日益增长，使得噪声污染防治工作不断加强

2022 年海南省 18 个市县（不含三沙市）区域昼间声环境质量大部分处于二级，其次是三级，1 个市县为一级。与 2021 年相比，2022 年海南省区域昼间声环境质量平均等效声级下降 0.2 dB（A）；区域声环境质量一级的市县增加 1 个，二级的市县减少 1 个。

海南省区域声环境质量主要受社会生活噪声影响，占比高达 61.0%，声源强度为

52.5 dB（A）。与 2021 年相比，2022 年社会生活噪声占比下降 3.9 个百分点，声源强度下降 0.2 dB（A）。随着新修订的《中华人民共和国噪声污染防治法》的施行，噪声污染防治工作得到高度重视，在生活中，人民群众的降噪意识越来越强，应充分发挥公众参与的积极作用，强化社会共治。

### 二、随着旅游业的发展及人民生活水平的提高，机动车数量增加，加大了城市道路交通噪声压力

2022 年，海南省 18 个市县（不含三沙市）道路交通昼间声环境质量绝大部分处于一级，仅 1 个市县为二级。与 2021 年相比，2022 年海南省道路交通昼间声环境质量平均等效声级上升幅度较大，为 0.9 dB（A）；道路交通昼间声环境质量各等级的市县数量持平。

海南省区域声环境质量中交通噪声占比为 25.7%，声源强度为 57.8 dB（A）。与 2021 年相比，2022 年交通噪声占比上升 1.5 个百分点，声源强度上升 0.1 dB（A）。随着海南省旅游业发展及人民生活水平的提高，机动车数量有所增加，显著增加了城市道路交通噪声压力。

### 三、夜间活动丰富，导致声环境功能区夜间达标率较低

多年来海南省声环境功能区昼间总体达标率显著高于夜间，主要是因为随着城市化的发展和生活水平的提高，第三产业迅速发展，夜间休闲娱乐活动较丰富，直接带动了夜间商业活动和道路交通车流量的增加，从而导致声环境功能区夜间总体达标率低于昼间，未达到《“十四五”噪声污染防治行动计划》要求的 85%。

## 第六节　小结

### 一、海南省区域昼间声环境质量总体较好，大部分市县达到较好（二级）水平

2022 年，海南省区域昼间声环境质量总体较好，平均等效声级为 54.0 dB（A），声源构成中社会生活噪声贡献最大，其次为交通噪声。18 个市县（不含三沙市）区域昼间

声环境质量平均等效声级为 45.4 ～ 59.1 dB（A），达到好（一级）的市县有 1 个，达到较好（二级）的市县有 10 个，达到一般（三级）的市县有 7 个。

与 2021 年相比，2022 年海南省区域昼间声环境质量总体无明显变化，均为较好，平均等效声级下降 0.2 dB（A）；18 个市县（不含三沙市）中，琼海市区域昼间声环境质量由较好上升为好，其余市县区域昼间声环境质量无明显变化。

2016—2022 年，海南省区域昼间声环境质量均为较好；海口、白沙、昌江、陵水、保亭 5 个市县区域昼间等效声级上升趋势显著，五指山、文昌、东方、澄迈 4 个市县区域昼间等效声级下降趋势显著。

## 二、海南省道路交通昼间声环境质量总体为好，大部分市县达到好（一级）水平

2022 年海南省道路交通昼间声环境质量总体为好，平均等效声级为 65.5 dB（A），海南省超过 70 dB（A）的路段长度为 129.3 km，占监测路段总长度的 13.5%。18 个市县（不含三沙市）平均等效声级为 60.1 ～ 68.3 dB（A），达到好（一级）的市县有 17 个，达到较好（二级）的市县有 1 个。

与 2021 年相比，2022 年海南省道路交通昼间声环境质量总体无明显变化，均为好，平均等效声级上升 0.9 dB（A）；18 个市县（不含三沙市）中，琼海市道路交通昼间声环境质量由较好上升为好，昌江县道路交通昼间声环境质量由好下降为较好，其余市县道路交通昼间声环境质量无明显变化。2016—2022 年，海南省道路交通昼间声环境质量均为好，平均等效声级下降趋势显著；海口、琼海、定安、澄迈、白沙、陵水、琼中 7 个市县道路交通昼间等效声级下降趋势显著。

## 三、海南省声环境功能区昼间总点次达标率为 92.7%，夜间总点次达标率为 84.0%

2022 年，海南省声环境功能区昼间总点次达标率为 92.7%，夜间总点次达标率为 84.0%；4b 类功能区夜间噪声平均等效声级超标，其余各类功能区昼间、夜间噪声平均等效声级均达标。各类功能区昼间达标率为 78.7% ～ 100%，1 类功能区最低；夜间达标率为 16.7% ～ 92.6%，4b 类功能区最低。18 个市县（不含三沙市）声环境功能区昼间总点次达标率为 56.0% ～ 100%，夜间监测点次达标率为 48.0% ～ 100%。

与 2021 年相比，2022 年海南省声环境功能区昼间总点次达标率持平，夜间总点次达标率上升 0.2 个百分点。1 类功能区昼间、3 类功能区夜间、4a 类功能区夜间、4b 类功能区夜间达标率均下降，3 类功能区昼间、4b 类功能区昼间达标率持平，其余功能区昼间、夜间达标率均上升。7 个市县昼间总点次达标率持平，儋州、琼海、定安、澄迈、白沙 5 个市县昼间总点次达标率下降，海口、三亚、五指山、东方、乐东、琼中 6 个市县昼间总点次达标率上升；4 个市县夜间总点次达标率持平，儋州、五指山、东方、定安、澄迈、昌江、保亭 7 个市县夜间总点次达标率下降，海口、三亚、临高、白沙、乐东、陵水、琼中 7 个市县夜间总点次达标率上升。

# 第九章 生态

2022年，海南省生态质量指数（EQI）为74.95，居全国第一，生态质量为一类，属优，自然生态系统覆盖比例高、人类干扰强度低、生物多样性丰富、生态结构完整、系统稳定、生态功能完善。与2021年相比，2022年海南省生态质量指数上升0.13，生态质量变化等级为基本稳定。

18个市县（不含三沙市）中，儋州市、海口市生态质量为二类，其余16个市县均为一类。其中，万宁市生态质量指数最高，为83.18；其次为琼海市，为82.81；海口市生态质量指数最低，为58.98。与2021年相比，2022年海南省18个市县（不含三沙市）生态质量指数变化幅度为−0.15～0.52，生态质量变化等级均为基本稳定（图2-9-1～图2-9-3）。

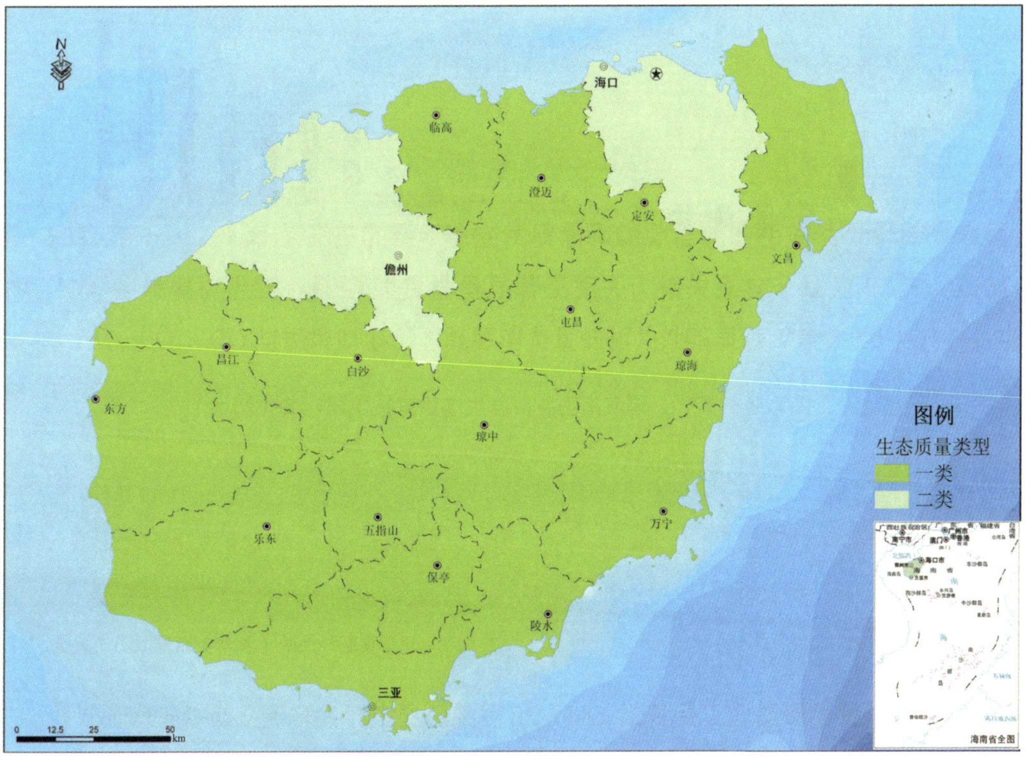


图2-9-1 2022年海南省各市县生态质量

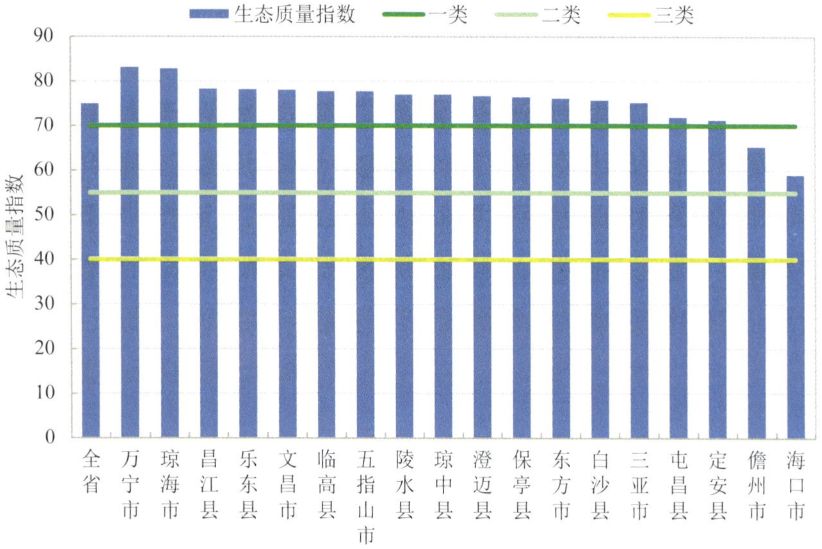


图 2-9-2　2022 年海南省各市县生态质量指数（EQI）

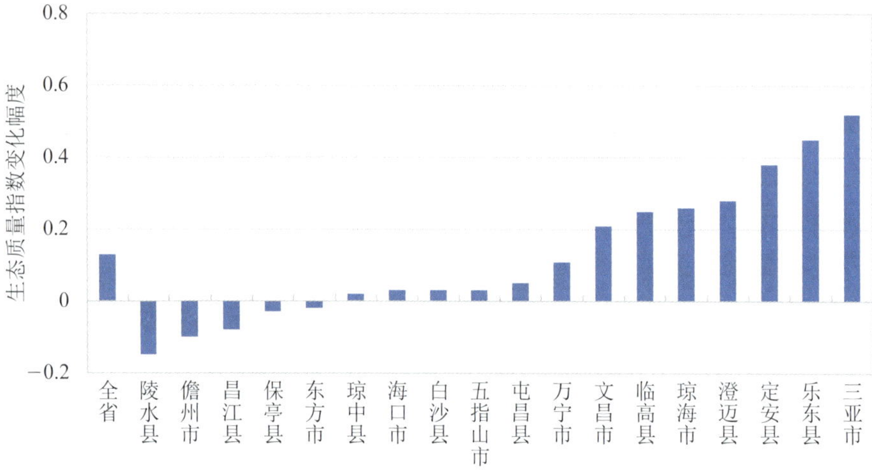


图 2-9-3　2022 年海南省各市县生态质量指数同比变化情况

# 第十章　辐射

2022 年，海南省辐射环境质量总体良好。环境电离辐射水平处于本底涨落范围内，环境电磁辐射水平低于国家规定的电磁环境公众曝露控制限值。与 2021 年相比，2022 年海南省辐射环境质量保持稳定。

## 第一节　辐射环境质量现状

### 一、环境电离辐射现状

#### （一）环境 γ 辐射水平

2022 年，海南省 15 个自动站监测的环境 γ 辐射剂量率年均值为 62.4 ～ 96.8 nGy/h，12 个监测点累积剂量监测的环境 γ 辐射剂量率年均值为 50.1 ～ 94.9 nGy/h，与《中国环境天然放射性水平》中海南调查结果（47.8 ～ 171.7 nGy/h）在同一水平，处于本底涨落范围内（图 2-10-1 和图 2-10-2）。

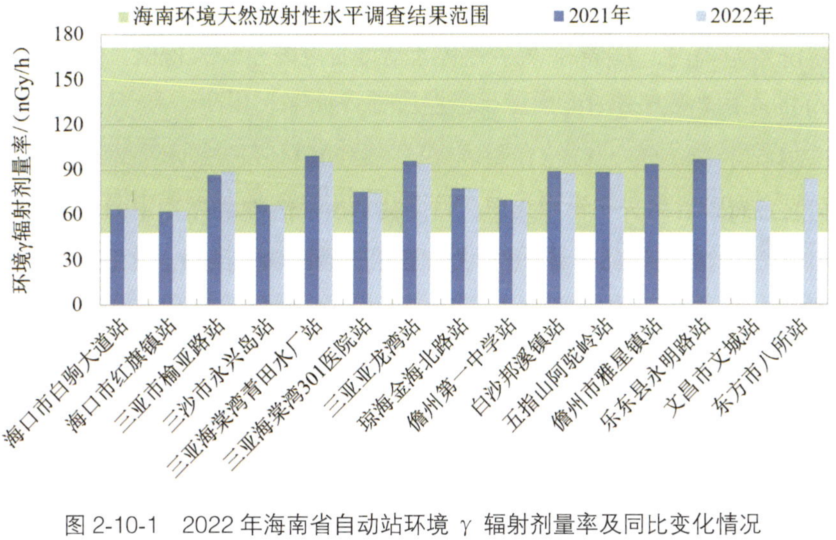


图 2-10-1　2022 年海南省自动站环境 γ 辐射剂量率及同比变化情况

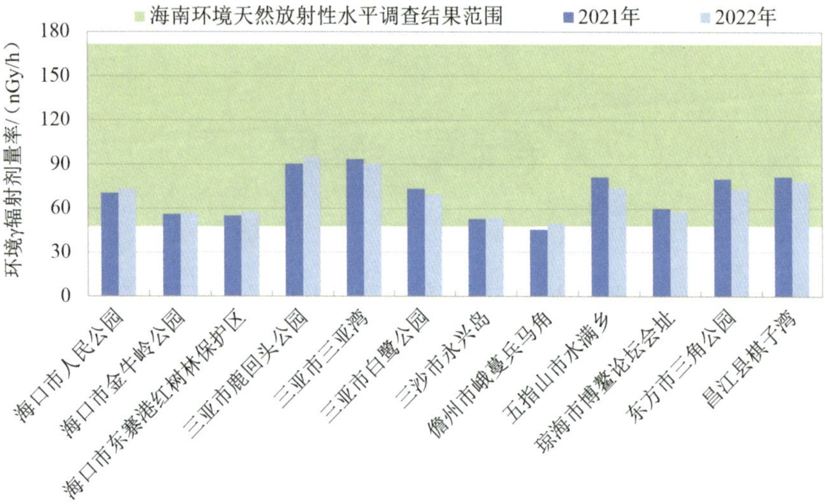


图 2-10-2　2022 年海南省累积剂量监测的环境 γ 辐射剂量率及同比变化情况

## （二）空气放射性水平

### 1. 气溶胶

2022 年，海南省 13 个监测点的气溶胶中天然放射性核素铍 -7、钾 -40、铅 -210、钋 -210 活度浓度处于历年测值范围内，人工放射性核素锶 -90、铯 -137 活度浓度处于历年测值范围内，其余 γ 放射性核素活度浓度均未检出，均处于本底涨落范围内。

### 2. 沉降物

2022 年，海南省 10 个监测点的沉降灰中，天然放射性核素铍 -7、钾 -40、铋 -214、镭 -228 活度日沉降量处于历年测值范围内，人工放射性核素锶 -90、铯 -137 活度日沉降量处于历年涨落范围内，其余 γ 放射性核素活度日沉降量均未检出，降水中氚活度浓度未检出，均处于本底涨落范围内。

### 3. 空气中氚、碘、氡

2022 年，海南省 10 个空气监测点中气态碘 -131 活度浓度均未检出，1 个监测点的空气中水蒸气氚活度浓度未检出，1 个监测点的空气中氡活度浓度年均值为 8.5 Bq/m$^3$，均处于本底涨落范围内。

## （三）水体放射性水平

### 1. 湖库水

2022 年，儋州市松涛水库监测点的水中总 α、总 β 活度浓度处于历年测值范围内，且低于《生活饮用水卫生标准》（GB 5749—2006）中规定的放射性指标指导值，天然放射性核素铀和钍浓度、镭 -226 活度浓度处于历年测值范围内，人工放射性核素铯 -137、锶 -90 活度浓度处于历年测值范围内，均处于本底涨落范围内。

### 2. 饮用水水源地水

2022 年，海南省 3 个饮用水水源地水监测点的水中总 α、总 β 活度浓度处于历年测值范围内，且低于《生活饮用水卫生标准》（GB 5749—2006）中规定的标准指导值，海口市龙塘饮用水水源地监测点的水中人工放射性核素铯 -137、锶 -90 活度浓度处于历年测值范围内，均处于本底涨落范围内。

### 3. 地下水

2022 年，海口市江东新区地下水监测点的水中总 α、总 β 活度浓度处于历年涨落范围内，且低于《地下水质量标准》（GB/T 14848—2017）中规定的Ⅲ类标准指导值，天然放射性核素铀、钍浓度及镭 -226 活度浓度处于历年测值范围内，均处于本底涨落范围内（图 2-10-3）。

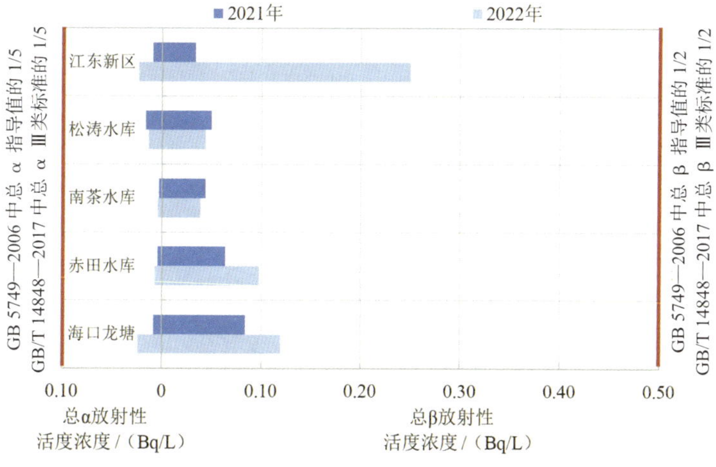


图 2-10-3 2022 年海南省水体中总 α、总 β 放射性活度浓度及同比变化情况

## （四）海洋放射性水平

### 1. 近岸海域海水

2022 年，海南省 3 个近岸海域监测点的海水中人工放射性核素铯 -137、锶 -90 活度

浓度处于历年测值范围内，且低于《海水水质标准》（GB 3097—1997）中规定的标准限值；天然放射性核素铀、钍浓度，钾 -40 活度浓度均处于历年测值范围内；放射性核素氚活度浓度未检出；均处于本底涨落范围内（图 2-10-4）。

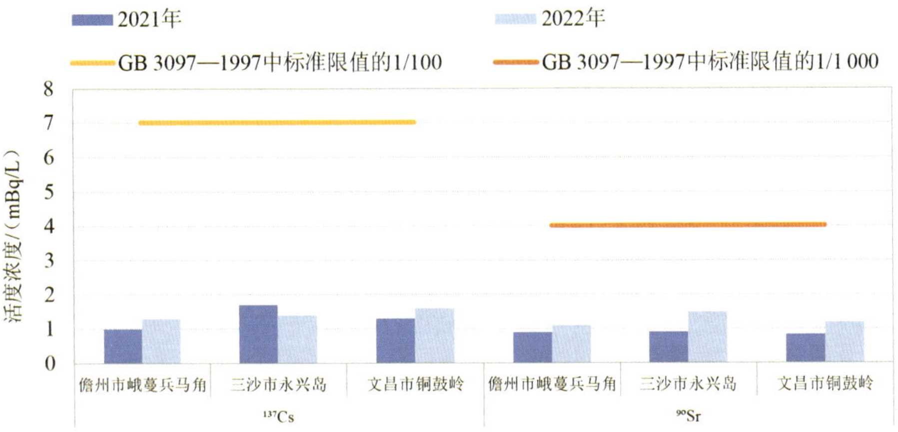


图 2-10-4　2022 年海南省近岸海域海水中铯 -137 和锶 -90 活度浓度及同比变化情况

## 2. 近海海域海水

2022 年，海南省 4 个近海海域监测点的海水中人工放射性核素铯 -137、锶 -90 活度浓度处于历年测值范围内，且低于《海水水质标准》（GB 3097—1997）中规定的标准限值；天然放射性核素钾 -40 活度浓度及放射性核素氚活度浓度处于历年测值范围内；均处于本底涨落范围内（图 2-10-5）。

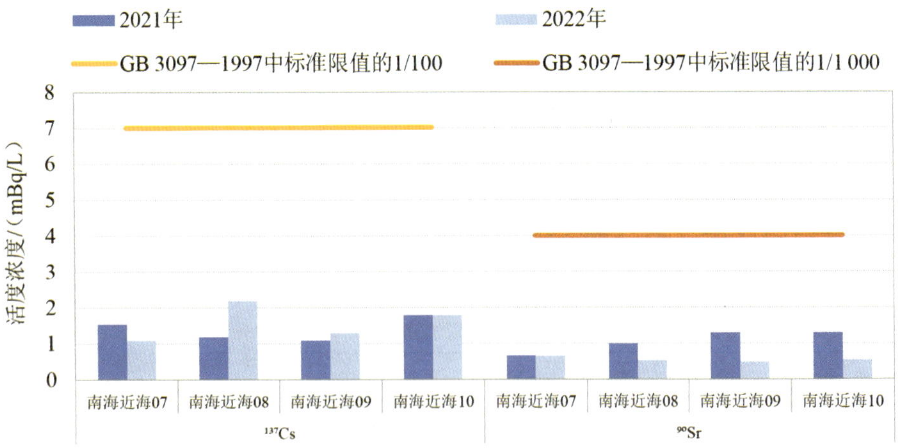


图 2-10-5　2022 年海南省近海海域海水中铯 -137 和锶 -90 活度浓度及同比变化情况

3. 近岸海域海洋生物

2022 年，海南省 3 个近岸海域监测点的生物中，天然放射性核素钾 -40、镭 -226、镭 -228、钋 -210、铅 -210 活度浓度及放射性核素碳 -14 活度浓度均处于历年测值范围内，人工放射性核素铯 -137、锶 -90 活度浓度处于历年测值范围内，均处于本底涨落范围内。

### （五）土壤放射性水平

2022 年，海南省 4 个监测点的土壤中，天然放射性核素钾 -40、镭 -226、钍 -232、铀 -238 活度浓度均处于历年测值范围内，人工放射性核素铯 -137、锶 -90 活度浓度处于历年涨落范围内，均处于本底涨落范围内。

## 二、电磁辐射现状

### （一）环境电磁辐射

2022 年，海南省 2 个环境电磁辐射监测点的功率密度监测结果低于《电磁环境控制限值》（GB 8702—2014）规定的公众曝露控制限值。

### （二）电磁设施外围环境电磁辐射

2022 年，海南省 1 个中波发射台外围功率密度、1 个 110kV 变电站外围工频电场强度及磁感应强度监测结果均低于《电磁环境控制限值》（GB 8702—2014）中规定的公众曝露控制限值。

# 第二节　辐射环境质量年度对比分析

## 一、环境电离辐射年度对比分析

与 2021 年相比，2022 年海南省环境 γ 辐射和空气、地表水、饮用水水源地水、海水、海洋生物、土壤放射性监测结果均无明显变化；地下水中总 β 监测结果略有上升，但处于本底涨落范围内，且低于国家规定的标准指导值，占指导值的 1/4；其余监测结果无明显变化。

### 二、环境电磁辐射年度对比分析

与 2021 年相比，2022 年海口市人民公园点位和三亚海月广场点位环境电磁辐射监测结果无明显变化；海口市中波发射台周围环境电磁辐射监测结果因周围阻挡物空间布局变化，略有下降或上升，但低于国家规定的公众曝露控制限值，不足控制限值的 1/5；海口市海甸岛 110kV 变电站周围环境电磁辐射监测结果无明显变化。

## 第三节　小结

### 一、海南省环境电离辐射水平处于本底涨落范围内

2022 年，海南省环境电离辐射水平处于本底涨落范围内。

海南省陆域各监测点的环境 γ 辐射剂量率处于本底涨落范围内；空气、地表水、地下水、饮用水水源地水、土壤中天然放射性核素活度浓度均处于本底涨落范围内；人工放射性核素活度浓度未见异常；地表水和饮用水水源地水中总 α、总 β 活度浓度低于《生活饮用水卫生标准》（GB 5749—2006）规定的标准指导值。地下水中总 α、总 β 活度浓度低于《地下水质量标准》（GB/T 14848—2017）中规定的Ⅲ类标准指导值。

近岸海域海水、近海海域海水和海洋生物中天然放射性核素活度浓度均处于本底涨落范围内，人工放射性核素活度浓度未见异常。其中，海水中人工放射性核素远低于《海水水质标准》（GB 3097—1997）规定的标准限值。

### 二、海南省环境电磁辐射水平低于公众曝露控制限值

2022 年，海南省环境电磁辐射水平低于公众曝露控制限值。环境电磁辐射监测点的功率密度低于《电磁环境控制限值》（GB 8702—2014）规定的公众曝露控制限值。监测的中波发射台周围功率密度和变电站周围工频电场强度、工频磁感应强度均低于《电磁环境控制限值》（GB 8702—2014）规定的公众曝露控制限值。

# 第三篇

# 生态环境质量关联分析

# 第一章　生态环境质量与环保措施关联分析

## 第一节　环境空气质量与环保措施关联分析

### 一、大气环境质量专项督导情况

为强化空气质量保障、响应大气污染防治工作，海南省生态环境厅于 2021 年 9 月起分批次、分时段开展改善大气环境质量专项督导行动。截至 2021 年 11 月，督导检查组在第一批次督导中发现问题污染源 1627 个，各市县对辖区内各类大气污染源进行了全面排查整治。海南省在前期排查的基础上启动了专项强化督导，重点核查第一轮督导中发现问题的整改情况，保证大气污染问题整改事项件件有落实，环境空气质量得到改善。

2022 年 4 月、10 月、11 月和 12 月，海南省生态环境厅对海口、琼海、澄迈、定安、屯昌、临高、昌江、琼中、保亭、乐东 10 个市县开展改善大气环境质量专项督导行动。共派出督导检查人员 76 人次，检查各类涉气污染源 1 656 个（含复核点位），发现问题污染源 832 个，存在问题率 50.2%，同比下降 21.1 个百分点。督导过程中发现的问题及时反馈给被检查市县并要求其立行立改，督导组定期开展“回头看”检查，确保整改合格，逐一销号，使环境空气质量得到切实改善。

### 二、分析方法与指标

运用 SPSS25.0 软件进行正态性检验、参数检验或非参数检验，数据来源于海南省生态环境监测网络数据。选取 2021 年和 2022 年大气环境质量专项督导集中的秋、冬时段（9—12 月），通过统计学方法检验 2015—2020 年和 2021—2022 年同时段海南省环境空气质量的差异性，以验证大气环境质量专项督导工作是否对海南省环境空气质量有显著改善成效。

2015—2022 年 9—12 月海南省 $PM_{2.5}$ 日均值浓度正态性检验的 $P$ 值均小于 0.05，不符合正态分布，因此适用非参数检验，进行 Mann-Whitney U 检验；$PM_{10}$、$O_3$ 日均值浓度正态性检验的 $P$ 值均大于 0.05，符合正态分布，因此适用参数检验，进行 $t$ 检验。

## 三、大气环境质量专项督导成效分析

2021—2022 年 9—12 月，海南省 $PM_{2.5}$ 日均浓度均值与 2015—2020 年同期均值的 Mann-Whitney U 检验显著小于 0.05，表明 2021—2022 年 9—12 月海南省 $PM_{2.5}$ 日均浓度水平与 2015—2020 年同期日均浓度水平有显著差异（表 3-1-1 和图 3-1-1）。

表 3-1-1 2021—2022 年与 2015—2020 年海南省 $PM_{2.5}$ 浓度差异性检验结果

| 零假设 | 检验 | 显著性 | 决策者 |
|---|---|---|---|
| 2021—2022 年 9—12 月与 2015—2020 年 9—12 月，$PM_{2.5}$ 的分布相同 | 独立样本 Mann-Whitney U 检验 | 0.000 | 拒绝零假设 |

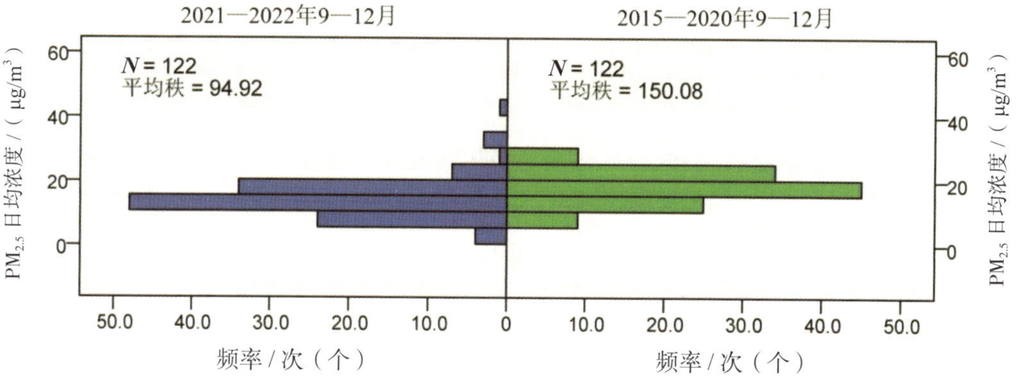


图 3-1-1 2021—2022 年与 2015—2020 年海南省 $PM_{2.5}$ 浓度频率分布情况

2021—2022 年 9—12 月海南省 $PM_{10}$ 日均浓度均值与 2015—2020 年同期均值的方差齐性检验显著性大于 0.05，说明方差呈齐性，采用假定等方差的 *t* 检验结果，二者的平均值等同性 *t* 检验显著性小于 0.05，表明 2021—2022 年 9—12 月 $PM_{10}$ 日均浓度水平与 2015—2020 年同期日均浓度水平有显著差异。

2021—2022 年 9—12 月海南省 $O_3$ 日最大 8 h 平均浓度均值与 2015—2020 年同期均值的方差齐性检验显著性大于 0.05，说明方差不呈齐性，采用不假定等方差的 *t* 检验结果，二者的平均值等同性 *t* 检验显著性小于 0.05，表明 2021—2022 年 9—12 月 $O_3$ 日最大 8 h 平均浓度水平与 2015—2020 年同期浓度水平有显著差异（表 3-1-2、图 3-1-2、图 3-1-3）。

表 3-1-2　2021—2022 年与 2015—2020 年海南省 $PM_{10}$、$O_3$ 浓度差异性检验结果

| 指标 | 莱文方差等同性检验 | | 方差类型 | 平均值等同性 *t* 检验显著性（双尾） |
|---|---|---|---|---|
| | *F* | 显著性 | | |
| $PM_{10}$ | 1.273 | 0.260 | 假定等方差 | 0.000 |
| $O_3$ | 14.057 | 0.000 | 不假定等方差 | 0.008 |

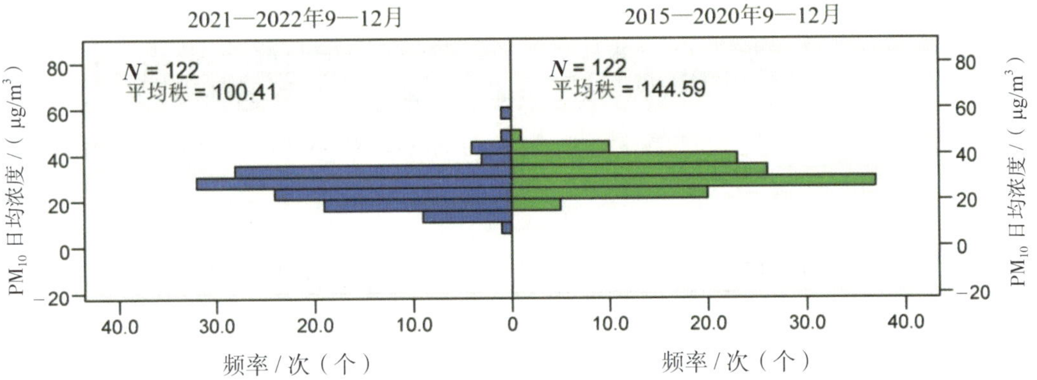


图 3-1-2　2021—2022 年与 2015—2020 年海南省 $PM_{10}$ 浓度频率分布情况

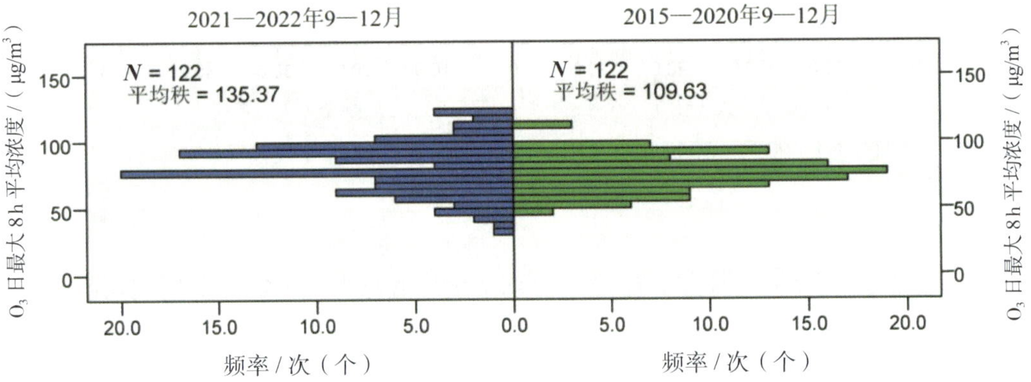


图 3-1-3　2021—2022 年与 2015—2020 年海南省 $O_3$ 浓度频率分布情况

2021—2022 年 9—12 月海南省 $PM_{2.5}$、$PM_{10}$ 日均浓度和 $O_3$ 日最大 8 h 平均浓度水平显著低于 2015—2020 年 9—12 月，说明在 2021—2022 年易出现不利气象条件的时段，通过大气环境质量专项督导工作，海南省污染排放基本得到控制，颗粒物浓度达到历史同期较好水平，大气环境质量专项督导对颗粒物治理成效显著，但 $O_3$ 浓度下降幅度相对较小，仍需进一步研究和管控。

# 第二节 地表水环境质量与环保措施关联分析

## 一、“六水共治”攻坚战情况

2022 年 1 月 4 日，海南省“六水共治”攻坚战动员部署会在文昌市召开，旨在系统推进治污水、保供水、排涝水、防洪水、抓节水、优海水“六水共治”，一体治理水资源、水环境、水生态，实行一月一提醒、一月一督察、一月一通报、一月一考评“四个一”的督察机制。

治污水作为“六水共治”的主战场，以提升水质为核心，狠抓黑臭水体治理，推进城市截污纳管、雨污分流、乡镇农村污水治理、水产养殖、农业面源污染治理，开展全域综合治水；将控源截污作为水污染治理的重点，按照“源头减排、过程控制、系统治理”的思路，摸清污染源，严格控制外源污染直排入河；同时完善排污许可制度，加强入河排污口监管，减少入河污染物总量。经过一年的努力，水环境质量总体稳中向好目标全面完成，一批涉水突出环境问题得到解决，水环境监测能力得到有效提升，“六水共治”攻坚战初见成效。

## 二、分析方法与指标

运用 SPSS25.0 软件进行正态性检验和非参数检验，数据来源于海南省生态环境监测网络数据。考虑到海南省各市县城市水质指数于 2020 年起计算并排名，三沙市于 2021 年起参与排名，采用海南省 18 个市县（不含三沙市）城市水质指数，通过统计学方法分别检验 2020 年、2022 年与 2021 年海南省各市县城市水质指数的差异性，以验证“六水共治”是否对海南省地表水环境质量有显著改善成效。

2020 年、2021 年、2022 年海南省各市县城市水质指数正态性检验的 $P$ 值均大于 0.05，符合正态分布，因此适用参数检验，进行 $t$ 检验（表 3-1-3、图 3-1-4）。

## 三、“六水共治”攻坚战成效分析

2021 年海南省各市县城市水质指数与 2020 年的方差齐性检验显著性大于 0.05，说明方差呈齐性，采用假定等方差的 $t$ 检验结果，二者的平均值等同性 $t$ 检验显著性大于 0.05，表明 2021 年海南省各市县城市水质指数与 2020 年无显著差异。

2022 年海南省各市县城市水质指数与 2021 年的方差齐性检验显著性大于 0.05，说明方差呈齐性，采用假定等方差的 $t$ 检验结果，二者的平均值等同性 $t$ 检验显著性小于 0.05，表明 2022 年海南省各市县城市水质指数与 2021 年有显著差异。

2022 年海南省各市县城市水质指数与 2021 年有显著差异（图 3-1-5），而 2021 年与 2020 年无显著差异，说明 2022 年初拉开帷幕的“六水共治”初显成效，海南省各市县治水力度前所未有，促使各市县城市水质指数整体下降，地表水环境质量得到明显改善。

表 3-1-3　2020 年、2021 年与 2022 年海南省各市县城市水质指数差异性检验结果

| 时段 | 莱文方差等同性检验 | | 方差类型 | 平均值等同性 $t$ 检验显著性（双尾） |
|---|---|---|---|---|
| | $F$ | 显著性 | | |
| 2021 年与 2020 年 | 0.002 | 0.964 | 假定等方差 | 0.664 |
| 2022 年与 2021 年 | 1.168 | 0.287 | 假定等方差 | 0.021 |

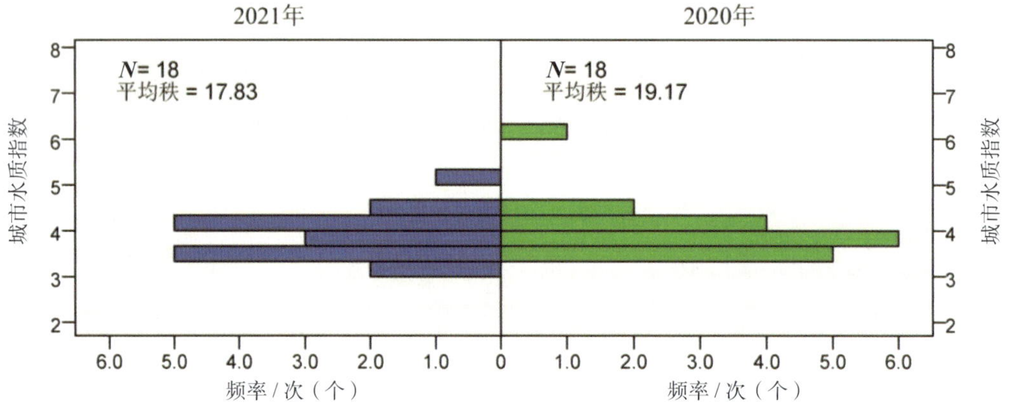


图 3-1-4　2021 年与 2020 年海南省各市县城市水质指数频率分布情况

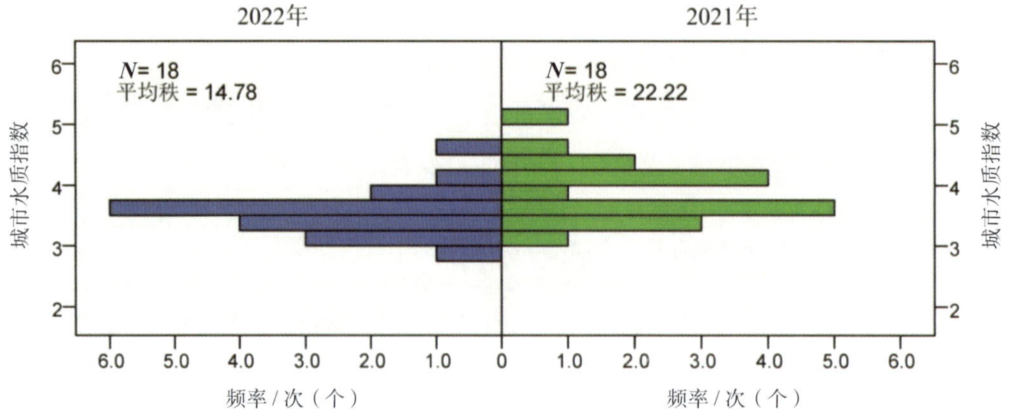


图 3-1-5　2022 年与 2021 年海南省各市县城市水质指数频率分布情况

# 第二章 生态环境质量与气候气象关联分析

## 一、分析方法与指标

斯皮尔曼相关系数对原始数据的选取、相关形式及分布类型均无要求，通常用于度量变量间单调相关或等级相关性的强弱，其通用性及稳健性较好。

运用 SPSS 25.0 软件计算斯皮尔曼相关系数和显著性。气候气象数据来源于海南气象信息服务网，生态环境质量数据来源于海南省生态环境监测网络数据。采用 2022 年 1—12 月海南省各市县环境空气主要污染物浓度和降水量进行环境空气质量与气候气象的相关性分析，采用 2022 年 1—12 月海南省河流、湖库主要污染物浓度和降水量进行地表水环境质量与气候气象的相关性分析。

## 二、生态环境质量与气候气象相关性分析

### （一）环境空气质量与降水量相关性分析

2022 年 1—12 月海南省各市县环境空气质量和降水量的相关性分析结果表明，环境空气主要污染物浓度与降水量基本呈负相关。$PM_{2.5}$、$PM_{10}$、$O_3$、$NO_2$、CO 与降水量呈显著负相关，相关系数分别为 −0.362、−0.323、−0.166、−0.227、−0.268；$SO_2$ 与降水量的相关性不显著。

可见海南省各市县环境空气主要污染物浓度受降水量影响较为明显，降雨充沛有利于污染物的沉降，污染物浓度下降（表 3-2-1）。

表 3-2-1 2022 年 1—12 月海南省环境空气质量与降水量相关性分析

| 指标 | $PM_{2.5}$ | $PM_{10}$ | $O_3$ | $SO_2$ | $NO_2$ | CO |
|---|---|---|---|---|---|---|
| 斯皮尔曼相关系数 | −0.362** | −0.323** | −0.166** | 0.111 | −0.227** | −0.268** |
| 显著性（双尾） | 0.000 | 0.000 | 0.018 | 0.116 | 0.001 | 0.000 |

注：** 表示在 0.01 级别（双尾）相关性显著。

## （二）地表水环境质量与降水量相关性分析

2022 年 1—12 月海南省地表水环境质量和降水量的相关性分析结果表明，湖库高锰酸盐指数、湖库总磷浓度与降水量呈显著正相关，相关系数分别为 0.767、0.721；河流高锰酸盐指数、河流总磷浓度与降水量呈正相关，相关系数分别为 0.703、0.677；河流化学需氧量、河流氨氮、湖库化学需氧量和湖库氨氮浓度与降水量的相关性不显著。

可见海南省河流与湖库主要污染物高锰酸盐指数、总磷浓度受降水量影响较为明显，降雨冲刷带入地表径流影响，造成污染物短期内上升（表 3-2-2）。

表 3-2-2　2022 年 1—12 月海南省地表水环境质量与降水量相关性分析

| 指标 | 河流 | | | | 湖库 | | | |
|---|---|---|---|---|---|---|---|---|
| | 高锰酸盐指数 | 化学需氧量 | 总磷 | 氨氮 | 高锰酸盐指数 | 化学需氧量 | 总磷 | 氨氮 |
| 斯皮尔曼相关系数 | 0.703* | 0.336 | 0.677* | −0.275 | 0.767** | 0.285 | 0.721** | 0.464 |
| 显著性（双尾） | 0.011 | 0.286 | 0.016 | 0.387 | 0.004 | 0.370 | 0.008 | 0.129 |

注：** 表示在 0.01 级别（双尾）相关性显著；* 表示在 0.05 级别（双尾）相关性显著。

# 第三章　生态环境质量与能源消耗关联分析

## 一、分析方法与指标

斯皮尔曼相关系数对原始数据的选取、相关形式及分布类型均无要求，通常用于度量变量间单调相关或等级相关性的强弱，其通用性及稳健性较好。

运用 SPSS 25.0 软件计算斯皮尔曼相关系数和显著性。能源消耗数据来源于历年海南统计年鉴、海南统计月报，生态环境质量数据来源于海南省生态环境监测网络数据。考虑到海南省环境空气 6 项污染物自动监测自 2015 年起覆盖海南省，采用 2022 年 1—12 月海南省各市县环境空气主要污染物浓度和规模以上工业能源消费量、2015—2022 年海南省环境空气主要污染物浓度和清洁能源发电量占比进行环境空气质量与能源消耗的相关性分析。

## 二、环境空气质量与能源消耗相关性分析

### （一）环境空气质量与工业能源消费量相关性分析

2022 年 1—12 月海南省各市县环境空气质量和能源消耗的相关性分析结果表明，$SO_2$、$NO_2$ 与规模以上工业能源消费量呈显著正相关，相关系数分别为 0.323、0.234；$PM_{2.5}$、$PM_{10}$、$O_3$、CO 与规模以上工业能源消费量的相关性不显著（表 3-3-1）。

表 3-3-1　2022 年 1—12 月海南省环境空气质量与规模以上工业能源消费量相关性分析

| 指标 | $PM_{2.5}$ | $PM_{10}$ | $O_3$ | $SO_2$ | $NO_2$ | CO |
|---|---|---|---|---|---|---|
| 斯皮尔曼相关系数 | 0.068 | 0.110 | 0.067 | 0.323** | 0.234** | 0.046 |
| 显著性（双尾） | 0.322 | 0.107 | 0.325 | 0.000 | 0.001 | 0.501 |

注：** 表示在 0.01 级别（双尾）相关性显著。

可见海南省各市县环境空气主要污染物 $SO_2$、$NO_2$ 浓度受工业能源消费影响较为明显，工业生产消耗能源越多，排入大气环境的 $SO_2$ 和 $NO_2$ 越多，相应污染物浓度越高。

## （二）环境空气质量与清洁能源发电量占比相关性分析

2015—2022 年海南省环境空气质量和能源消耗的相关性分析结果表明，$PM_{2.5}$、$PM_{10}$、$NO_2$ 与清洁能源发电量占比呈显著负相关，相关系数分别为 −0.921、−0.921、−0.866；CO 与清洁能源发电量占比呈负相关，相关系数为 −0.828；$O_3$、$SO_2$ 与清洁能源发电量的相关性不显著（表 3-3-2）。

可见海南省环境空气主要污染物 $PM_{2.5}$、$PM_{10}$、$NO_2$ 及 CO 浓度受清洁能源发电量占比影响较为明显，随着清洁能源岛的推进，清洁能源发电量占比逐步由 2015 年的 10.9% 升至 2022 年的 50.4%，污染物排放总量减少，污染物浓度随之下降。

表 3-3-2　2015—2022 年海南省环境空气质量与清洁能源发电量占比相关性分析

| 指标 | $PM_{2.5}$ | $PM_{10}$ | $O_3$ | $SO_2$ | $NO_2$ | CO |
|---|---|---|---|---|---|---|
| 斯皮尔曼相关系数 | $-0.921^{**}$ | $-0.921^{**}$ | 0.551 | 0.436 | $-0.866^{**}$ | $-0.828^{*}$ |
| 显著性（双尾） | 0.01 | 0.01 | 0.157 | 0.280 | 0.005 | 0.011 |

注：$^{**}$ 表示在 0.01 级别（双尾）相关性显著；$^{*}$ 表示在 0.05 级别（双尾）相关性显著。

# 第四章 生态环境质量与城市发展关联分析

## 一、分析方法与指标

斯皮尔曼相关系数对原始数据的选取、相关形式及分布类型均无要求，通常用于度量变量间单调相关或等级相关性的强弱，其通用性及稳健性较好。

运用 SPSS 25.0 软件计算斯皮尔曼相关系数和显著性。城市发展数据来源于历年海南统计年鉴、海南省国民经济和社会发展统计公报，生态环境质量数据来源于海南省生态环境监测网络数据。采用 2011—2022 年海南省区域昼间平均等效声级和城镇化率、道路交通昼间平均等效声级和公路总里程进行声环境质量与城市发展的相关性分析。

## 二、声环境质量与城市发展相关性分析

### （一）区域声环境质量与城镇化率相关性分析

2011—2022 年海南省区域声环境质量和城市发展的相关性分析结果表明，海南省区域昼间平均等效声级与城镇化率呈显著正相关，相关系数为 0.768（表 3-4-1）。

表 3-4-1　2011—2022 年海南省区域声环境质量与城镇化率相关性分析

| 指标 | 海南省区域昼间平均等效声级 |
| --- | --- |
| 斯皮尔曼相关系数 | 0.768** |
| 显著性（双尾） | 0.004 |

注：** 表示在 0.01 级别（双尾）相关性显著。

可见海南省区域声环境质量受城镇化率影响较为明显，随着城镇化建设的推进，海南省城镇化率逐步由 2011 年的 50.5% 升至 2022 年的 61.5%。随着城市人口的不断增加，社会生活带来的噪声污染逐渐增多，区域昼间平均等效声级上升（图 3-4-1）。

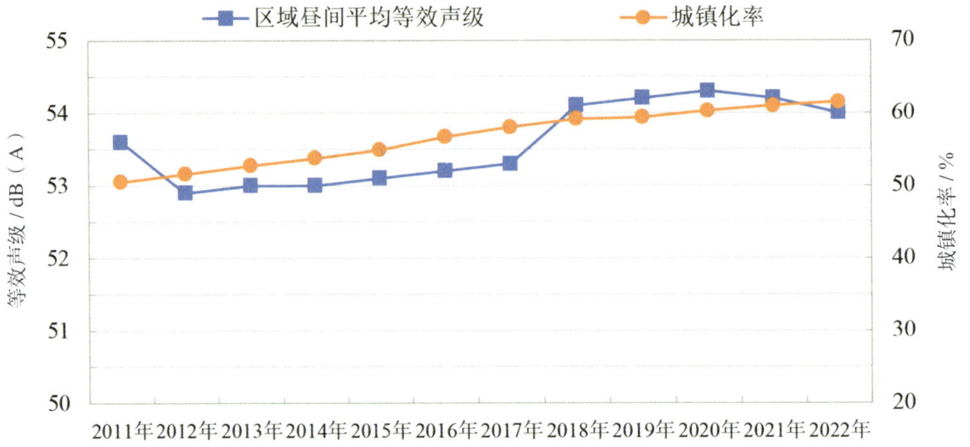


图 3-4-1　2011—2022 年海南省区域昼间平均等效声级与城镇化率变化情况

## （二）道路交通声环境质量与公路总里程相关性分析

2011—2022 年海南省道路交通声环境质量和城市发展的相关性分析结果表明，海南省道路交通昼间平均等效声级与公路总里程呈显著负相关，相关系数均为 −0.916（表3-4-2）。

表 3-4-2　2011—2022 年海南省道路交通声环境质量与公路总里程相关性分析

| 指标 | 海南省道路交通昼间平均等效声级 |
|---|---|
| 斯皮尔曼相关系数 | −0.916** |
| 显著性（双尾） | 0.000 |

注：** 表示在 0.01 级别（双尾）相关性显著。

可见海南省道路交通声环境质量受公路总里程影响较为明显，通过不断优化完善路网，延长、加宽路段，增加新的路线来减缓道路交通拥堵压力，道路交通噪声影响总体得到有效控制，加上近年来道路交通声环境监测点位也随着路网建设优化调整，道路交通昼间平均等效声级下降（图 3-4-2）。

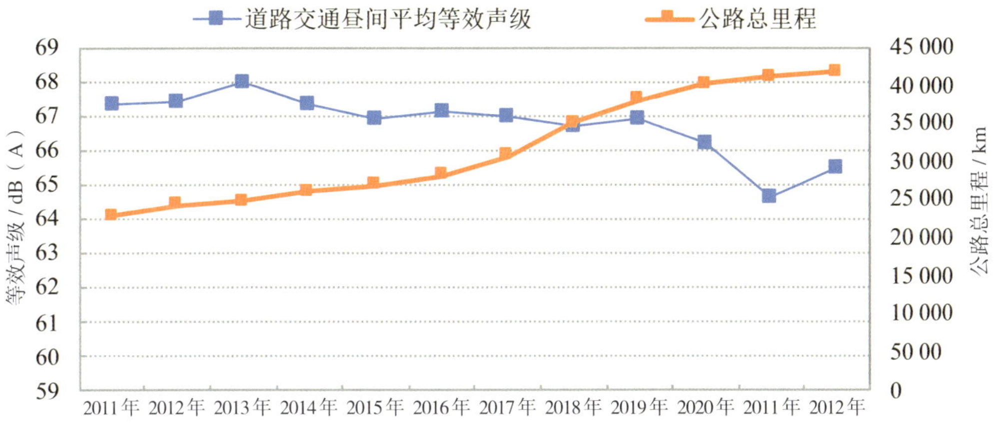


图 3-4-2 2011—2022 年海南省道路交通昼间平均等效声级与公路总里程变化情况

# 第五章　生态环境质量与农业面源关联分析

## 一、分析方法与指标

运用 SPSS 25.0 软件计算斯皮尔曼相关系数和显著性。农业面源数据来源于历年海南统计年鉴，生态环境质量数据来源于海南省生态环境监测网络数据。考虑到海南省自 2020 年起计算市县城市水质指数进行地表水质量排名，三沙市无化肥施用量数据，故采用 2020—2022 年海南省 18 个市县（不含三沙市）城市水质指数和化肥施用量进行地表水环境质量与农业面源的相关性分析。

## 二、地表水环境质量与城市发展相关性分析

2020—2022 年海南省各市县城市水质指数和化肥施用量的相关性分析结果表明，城市水质指数与化肥施用量呈显著正相关，相关系数为 0.570（表 3-5-1）。

表 3-5-1　2020—2022 年海南省各市县城市水质指数和化肥施用量相关性分析

| 指标 | 各市县城市水质指数 |
| --- | --- |
| 斯皮尔曼相关系数 | 0.570** |
| 显著性（双尾） | 0.000 |

注：** 表示在 0.01 级别（双尾）相关性显著。

可见海南省地表水环境质量受农业面源影响较为明显，各市县每年化肥施用量在几千至十余万吨不等，市县间差异较大，农业越发达的市县，化肥施用量越大，通过地表径流直接排入河道的化肥污染越多，导致地表水中的污染物浓度越高，城市水质指数越高。

# 第四篇

# 总　结

# 第一章　生态环境质量结论

2022 年，海南省生态环境质量总体呈改善趋势。海南省环境空气质量总体优良，$PM_{2.5}$ 浓度再创有监测历史以来最低水平，酸雨频率略有下降，地表水水质总体为优，水质优良比例创有监测历史以来最好水平，城市（镇）集中式饮用水水源地水质稳定达标，地下水水质总体较好，近岸海域水质总体为优，海洋沉积物质量良好，典型海洋生态系统处于健康或亚健康状态，生态质量为优，生态质量指数居全国第一，土壤、声、辐射环境质量总体良好。

## 一、环境空气质量优中有升，六项污染物中有四项浓度再下降，酸雨频率略有下降

2022 年，海南省环境空气优良天数比例为 98.7%。$SO_2$、$NO_2$、$PM_{10}$、$PM_{2.5}$、CO 浓度达到一级标准，$O_3$ 浓度接近一级标准，5—8 月 $PM_{2.5}$、$PM_{10}$、$O_3$ 浓度明显低于其余月份。海南省 19 个市县环境空气质量均明显优于二级标准，其中，三沙市和五指山市达到一级标准；海南岛北部、西部 $PM_{10}$、$PM_{2.5}$、$O_3$ 浓度相对较高，$SO_2$、$NO_2$、CO 均处于低浓度水平。海南省降水 pH 年均值为 5.94，酸雨发生频率为 6.2%，酸雨 pH 年均值为 5.07，6 个市县均监测到酸雨，集中出现在春季、冬季，主要表现为硫硝混合型，同时呈现海洋性酸性降水特征。

与 2021 年相比，2022 年海南省颗粒物在低浓度水平下继续下降，$PM_{2.5}$ 浓度下降 1 $\mu g/m^3$，$PM_{10}$ 浓度下降 2 $\mu g/m^3$，$SO_2$ 和 $NO_2$ 在极低的个位数浓度水平进一步下降 1 $\mu g/m^3$。源解析结果显示，扬尘、烟花爆竹、秸秆焚烧、重点企业、非道路移动机械管控及新能源汽车推广成效明显；CO 浓度持平，$O_3$ 浓度上升 1 $\mu g/m^3$，海南省环境空气优良天数比例下降 0.7 个百分点。海南省降水 pH 年均值上升 0.01，酸雨发生频率下降 0.2 个百分点，酸雨 pH 年均值下降 0.01。

2016—2022 年，海南省环境空气优良天数比例保持在 98% 左右，$PM_{2.5}$、$NO_2$、CO 浓度呈下降趋势，$PM_{10}$ 浓度呈波动下降趋势，$O_3$ 浓度呈波动上升趋势，$SO_2$ 浓度在低浓度波动变化。海南省降水 pH 年均值无显著变化趋势，酸雨频率呈波动下降趋势。

## 二、地表水水质优中向好，水质优良比例创有监测历史以来最好水平，主要污染指标浓度下降，饮用水水源地水质保持稳定，地下水水质总体较好

2022 年，海南省地表水水质总体为优，水质优良比例为 94.9%，劣Ⅴ类水质比例为 0.5%；南渡江、昌化江、万泉河流域和南部、西北部、南海各岛诸河水质为优，东北部诸河水质为良好；38 个湖库水质为优良，3 个湖库水质为轻度污染；36 个湖库呈中营养状态，5 个湖库呈轻度富营养状态；超Ⅲ类断面（点位）主要污染指标为总磷、高锰酸盐指数、化学需氧量，平均浓度分别为 0.074 mg/L、3.0 mg/L、11.0 mg/L，丰水期末至平水期浓度下降。海南省城市（镇）集中式饮用水水源地达标率为 100%。海南省地下水水质总体较好，Ⅱ～Ⅳ类水质点位占比为 90.7%。

与 2021 年相比，2022 年海南省地表水水质优中向好，水质优良比例上升 2.7 个百分点，创有监测历史以来最好水平，国家生态文明试验区（海南）标志性工程“六水共治”初见成效；劣Ⅴ类水质比例下降 1.1 个百分点；总磷平均浓度下降 6.5%，高锰酸盐指数平均浓度下降 8.6%，化学需氧量平均浓度下降 19.0%。海南省城市（镇）集中式饮用水水源地达标率保持在 100%。海南省地下水Ⅱ～Ⅳ类水质比例上升 3.0 个百分点。

2016—2022 年，海南省地表水水质保持为优，水质优良比例在 90.1% ～ 94.9% 波动，劣Ⅴ类水质比例在 0.5% ～ 1.6% 波动。东北部诸河、南部诸河和大隆水库综合污染指数下降趋势显著，高坡岭水库、珠碧江水库综合污染指数上升趋势显著，其余流域、湖库及海南省河流、湖库无显著变化趋势。

## 三、土壤环境质量总体良好

2021—2022 年，海南省土壤环境质量总体良好。402 个土壤环境质量点位中，低于风险筛选值的点位占比为 80.8%，介于风险筛选值和风险管制值之间的点位占比为 18.4%，高于风险管制值的点位占比为 0.8%。

## 四、近岸海域水质保持为优，海洋沉积物质量良好，典型海洋生态系统健康状态保持稳定，个别海湾河口海洋垃圾和海洋微塑料减少

2022 年，海南省近岸海域水质为优，水质以一类水质为主，优良水质面积比例为

99.60%，劣四类水质面积比例为 0.17%，富营养化海域面积为 86.6 km$^2$；主要超标指标为化学需氧量、活性磷酸盐、无机氮，夏季水质污染程度相对较重。3 个国家重点海水浴场水质等级为优良的天数比例均为 100%。海南省近岸海域沉积物综合质量等级为良好，综合质量良好的点位比例为 97.9%。西沙群岛、海南岛东海岸及西海岸珊瑚礁生态系统均处于健康状态，海南岛东海岸海草床生态系统处于亚健康状态。海洋垃圾以塑料类为主，三大流域入海口和西沙海域海洋微塑料平均密度为 0.29 ～ 0.53 个 /m$^3$。

与 2021 年相比，2022 年海南省近岸海域水质保持为优，优良水质面积比例下降 0.17 个百分点，劣四类水质面积比例上升 0.10 个百分点。西沙群岛、海南岛东海岸珊瑚礁生态系统均保持健康状态，海南岛东海岸海草床生态系统保持亚健康状态，海水浴场水质保持稳定。海面漂浮垃圾平均个数下降 72.4%，海滩垃圾平均个数上升 1.2%，海底垃圾平均个数下降 36.3%；南渡江和万泉河入海口微塑料平均密度上升，昌化江入海口微塑料平均密度下降 38.3%，“渔船打捞垃圾”模式对海洋垃圾“减增量、去存量”起到重要作用。与 2020 年相比，2022 年海南省近岸海域沉积物质量保持稳定。

2016—2022 年，海南省近岸海域水质稳定为优，优良水质面积比例均保持在 99% 以上，劣四类水质面积比例呈小幅波动变化，富营养化海域面积呈波动下降趋势。海水浴场水质状况等级为优良的天数比例保持在 100%。西沙群岛活珊瑚覆盖度呈上升趋势，海南岛东海岸活珊瑚平均覆盖度相对稳定，海南岛西海岸活珊瑚覆盖度呈先上升后下降趋势，海南岛东海岸海草覆盖度呈先下降后上升趋势，典型海洋生态系统均有一定的恢复。近 4 年三亚湾海域海洋垃圾数量呈下降趋势，海洋垃圾仍以塑料类为主。

## 五、声环境质量总体良好，区域、道路交通、功能区声环境质量保持稳定

2022 年，海南省区域昼间声环境质量总体较好，平均等效声级为 54.0 dB（A），声源构成中社会生活噪声贡献最大；1 个市县区域昼间声环境质量为好，10 个市县区域昼间声环境质量为较好，7 个市县区域昼间声环境质量为一般。海南省道路交通昼间声环境质量总体为好，平均等效声级为 65.5 dB（A），超过 70 dB（A）的路段长度占比为 13.5%；17 个市县道路交通昼间声环境质量为好，1 个市县道路交通昼间声环境质量为较好。海南省声环境功能区昼间总点次达标率为 92.7%，夜间总点次达标率为 84.0%；18 个市县各类功能区昼间总点次达标率为 56.0% ～ 100%，夜间监测点次达标率为 48.0% ～ 100%。

与 2021 年相比，2022 年海南省区域昼间声环境质量保持为较好，平均等效声级下降 0.2 dB（A），琼海市区域昼间声环境质量由较好上升为好，其余市县区域昼间声环境质量无变化。海南省道路交通昼间声环境质量保持为好，平均等效声级上升 0.9 dB（A），琼海市道路交通昼间声环境质量由较好上升为好，昌江县道路交通昼间声环境质量由好下降为较好，其余市县道路交通昼间声环境质量无变化。海南省声环境功能区昼间总点次达标率持平，夜间总点次达标率上升 0.2 个百分点；7 个市县昼间总点次达标率持平，5 个市县昼间总点次达标率下降，6 个市县昼间总点次达标率上升；4 个市县夜间总点次达标率持平，7 个市县夜间总点次达标率下降，7 个市县夜间总点次达标率上升。

2016—2022 年，海南省区域昼间声环境质量均处于较好水平，噪声声源构成变化不大，平均等效声级无显著变化趋势，海口、白沙、昌江、陵水、保亭 5 个市县区域昼间声环境质量上升趋势显著，五指山、文昌、东方、澄迈 4 个市县区域昼间声环境质量下降趋势显著。海南省道路交通昼间声环境质量均为好，平均等效声级下降趋势显著，海口、琼海、定安、澄迈、白沙、陵水、琼中 7 个市县道路交通昼间声环境质量下降趋势显著。

## 六、生态质量为优且保持一类，生态质量指数居全国第一

2022 年，海南省生态质量指数为 74.95，居全国第一，生态质量为一类，自然生态系统覆盖比例高、人类干扰强度低、生物多样性丰富、生态结构完整、系统稳定、生态功能完善；儋州市、海口市生态质量为二类，其余 16 个市县生态质量均为一类。

与 2021 年相比，2022 年海南省生态质量指数上升 0.13，生态质量变化等级为基本稳定；18 个市县生态质量变化等级均为基本稳定。

## 七、辐射环境质量总体良好且保持稳定，辐射水平处于本底涨落范围内或低于国家控制限值

2022 年，海南省辐射环境质量总体良好。环境电离辐射水平处于本底涨落范围内，空气吸收剂量率和环境介质中的天然放射性核素活度浓度处于本底涨落范围内，人工放射性核素活度浓度未见异常。环境电磁辐射水平低于国家规定的电磁环境公众曝露控制限值。

与 2021 年相比，2022 年海南省辐射环境质量总体保持稳定。

# 第二章　主要生态环境问题及原因

## 一、$O_3$ 是影响海南省环境空气质量的主要污染物，秋、冬季节污染较重

2022 年，海南省环境空气共出现 88 d 超标天，超标污染物均为 $O_3$。2016—2022 年，海南省超标天中首要污染物为 $O_3$ 的天数比例呈波动上升趋势，2022 年超标污染物为 $O_3$ 的天数比例较 2016 年上升了 33.3 个百分点，2019 年以来均占 97% 以上，可见 $O_3$ 仍为影响海南省环境空气质量的主要污染物。

海南省 $O_3$ 超标主要集中在秋、冬季节（10—12 月），这是由于秋、冬季节海南省气温在国内相对较高，降水减少，日照强，逆温现象增多，扩散条件总体不利，容易生成 $O_3$，且主导风向由夏季的偏南风转为东北风，也容易受下沉气流及弱冷空气带来的区域污染传输的共同影响。

## 二、少数河流湖库水质持续污染，受生活污水直排和农业面源污染双重影响，部分水体汛期污染问题突出

2022 年，海南省东北部珠溪河持续重度污染，东北部文教河、南部东山河、珠碧江水库持续轻度污染，南部罗带河、高坡岭水库、湖山水库水质好转但仍处于轻度污染。部分水体汛期污染问题突出，各市县均受到不同程度汛期污染影响。

海南省地表水环境质量受到生活污水直排和农业面源污染的双重影响。一方面，海南省城镇生活污水处理设施及配套管网建设不完善、收集率低，2022 年 11 个市县城市生活污水集中收集率、10 个市县农村生活污水治理率不足 50%；另一方面，海南省化肥施用量高达百万吨、农药施用量达万吨，各市县畜禽粪污综合利用率均不超过 90%，海南省涉农污染治理滞后，传统农业产业转型升级缓慢，农业生产活动中的化肥、农药、粪污、尾水等直排入河。

## 三、个别半封闭海湾水质未见改善，水体交换能力差导致污染物难以扩散

2022 年，海南省近岸海域水质以一类为主，万宁小海、文昌清澜湾、儋州新英湾等近岸海域水质多年劣于二类。

劣于二类水质海域主要分布在封闭或半封闭海湾、入海河口、养殖集中区、港口等近岸海域。造成水质劣于二类的主要指标为活性磷酸盐、化学需氧量和无机氮。这类污染物多来自生活污水和农业废水，污染物在封闭或半封闭的海湾内难以扩散，水体交换不及时，造成海域水质污染。

## 四、海洋垃圾中塑料类占比居高不下，海洋微塑料密度受陆源输送影响突出

2022 年，监测区域海面漂浮垃圾平均个数同比下降 72.4%，海滩垃圾平均个数同比上升 1.2%，海底垃圾平均个数同比下降 36.3%；采集到的塑料类垃圾分别占海面漂浮垃圾的 100%、海滩垃圾的 86.8%、海底垃圾的 95.0%。“渔船打捞垃圾”行动中打捞的垃圾，塑料类占比也高达 89%。垃圾绝大部分来自人类活动，人类活动最多的海滩区域垃圾数量最多且同比增多；塑料制品因价格低廉、可塑性强、性能稳定而应用广泛，因此塑料类垃圾在海洋垃圾中的占比居高不下。

三大流域入海口和西沙海域表层海水中微塑料平均密度为 0.29 ～ 0.53 个 /$m^3$，检出的微塑料成分与生产生活中常用的塑料制品基本一致。西沙永兴岛虽然远离内陆，受人类活动影响相对较小，但表层海水中仍能检出微塑料。2022 年昌化江入海河口微塑料平均密度同比下降 38.3%，昌化渔港“渔船打捞垃圾”模式有效降低了昌化江入海河口微塑料密度水平。可见海洋微塑料主要来源于人类活动产生的海洋垃圾，人类长期使用不可降解塑料制品已对环境造成了深远的影响。

## 五、声环境功能区夜间达标率不足 85%，本地居民夜间生活丰富

《“十四五”噪声污染防治行动计划》提出，到 2025 年，全国声环境功能区夜间达标率达到 85%。2022 年，海南省声环境功能区夜间达标率仅为 84.0%，尚不足 85%。

海南省地处热带地区，全年大部分时段昼间气温较高，夜间气温较适宜，居民习惯

于夜间活动，餐饮娱乐活动常常持续到凌晨，夜间商业活动和道路交通车流量带来的噪声污染较大，导致声环境功能区声环境质量夜间明显低于昼间，且不易改善。

# 第三章 生态环境质量预测

基于灰色预测理论，采用2011—2022年海南省生态环境质量主要指标数据构建均值GM(1,1)模型，对2023—2025年数据进行预测，各项指标模拟平均相对误差均达到精度要求，模型均合格。

2023年预测结果表明，海南省$PM_{2.5}$浓度保持在12 μg/m³，$O_3$浓度上升5 μg/m³；河流主要污染指标浓度均有不同程度的上升，总磷、高锰酸盐指数、化学需氧量、氨氮浓度分别上升0.005 mg/L、0.1 mg/L、1.3 mg/L、0.03 mg/L；湖库主要污染指标浓度无明显变化，高锰酸盐指数和总磷浓度持平，化学需氧量浓度下降0.1 mg/L，氨氮浓度上升0.01 mg/L；区域昼间平均等效声级上升0.5 dB（A），道路交通昼间平均等效声级下降0.3 dB（A）。

2025年预测结果表明，海南省生态环境质量“十四五”目标完成形势较为严峻，海南省$PM_{2.5}$浓度好于“十四五”规划目标（11 μg/m³）1 μg/m³；海南省$O_3$浓度持续上升，达到保持稳定的“十四五”规划目标仍有难度；河流总磷、高锰酸盐指数、化学需氧量和湖库高锰酸盐指数均上升，其余指标无明显变化，水质优良比例达到“十四五”规划目标（95%）仍有难度（表4-3-1）。

表4-3-1 2023—2025年海南省生态环境质量预测结果

| 要素 | 指标 | 实测结果 | | 预测结果 | | | 模拟平均相对误差/% |
|---|---|---|---|---|---|---|---|
| | | 2021年 | 2022年 | 2023年 | 2024年 | 2025年 | |
| 环境空气 | $PM_{2.5}$/（μg/m³） | 13 | 12 | 12 | 11 | 10 | 3.2 |
| | $O_3$/（μg/m³） | 111 | 112 | 117 | 121 | 124 | 2.9 |

| 要素 | 指标 | 实测结果 | | 预测结果 | | | 模拟平均相对误差 /% |
|---|---|---|---|---|---|---|---|
| | | 2021 年 | 2022 年 | 2023 年 | 2024 年 | 2025 年 | |
| 地表水 | 河流总磷 /（mg/L） | 0.087 | 0.090 | 0.095 | 0.098 | 0.101 | 4.1 |
| | 河流高锰酸盐指数 /（mg/L） | 3.2 | 3.1 | 3.2 | 3.3 | 3.3 | 2.6 |
| | 河流化学需氧量 /（mg/L） | 12.7 | 10.9 | 12.2 | 12.3 | 12.4 | 3.5 |
| | 河流氨氮 /（mg/L） | 0.18 | 0.17 | 0.20 | 0.19 | 0.17 | 11.0 |
| | 湖库总磷 /（mg/L） | 0.030 | 0.026 | 0.026 | 0.026 | 0.026 | 6.0 |
| | 湖库高锰酸盐指数 /（mg/L） | 2.8 | 2.8 | 2.8 | 2.8 | 2.9 | 2.2 |
| | 湖库化学需氧量 /（mg/L） | 12.7 | 11.3 | 11.2 | 11.2 | 11.2 | 4.4 |
| | 湖库氨氮 /（mg/L） | 0.07 | 0.07 | 0.08 | 0.07 | 0.06 | 15.0 |
| 声环境 | 区域昼间平均等效声级 /dB（A） | 54.2 | 54.0 | 54.5 | 54.7 | 54.8 | 0.3 |
| | 道路交通昼间平均等效声级 /dB（A） | 64.6 | 65.5 | 65.2 | 65.0 | 64.8 | 0.5 |

# 第四章 对策和建议

2023 年是全面贯彻落实党的二十大精神的开局之年，是实施“十四五”规划承前启后的一年，也是推进海南自贸港封关运作的关键一年。海南省生态环境系统要以习近平新时代中国特色社会主义思想为指导，全面贯彻落实党的二十大精神，深入贯彻习近平生态文明思想，扎实推进中国式现代化，坚持稳中求进的工作总基调，完整、准确、全面贯彻新发展理念，加快构建新发展格局，着力推动高质量发展，更好统筹经济社会发展和生态环境保护，更好统筹发展和安全，以深入推进国家生态文明试验区建设为抓手，统筹产业结构调整、污染治理、生态保护、应对气候变化，协同推进降碳、减污、扩绿、增长，推动经济社会发展绿色转型，深入推进环境污染防治，加强生态保护与修复监管，切实防范生态环境风险，不断健全现代环境治理体系，全力服务支撑自贸港建设大局，开启建设人与自然和谐共生美丽海南新征程。

## 一、全力服务融入海南自贸港高质量发展大局，建设生态一流、绿色低碳的自贸港

一是助力区域协调发展和现代产业体系构建。助力“三极”高质量发展，加快海口市、三亚市、儋州市“无废城市”，美丽海湾等建设步伐，形成示范引领。支持中部山区生态保育发展，在白沙县开展污水处理厂尾水人工湿地水质净化项目，打造中部山区源头水功能区保护示范工程。深化流域生态补偿机制，滚动实施赤田水库流域生态补偿机制创新试点项目，推动松涛水库流域建立多元化可持续的生态保护补偿机制。谋划、实施、保障试验区标志性工程，推动海上风电、新一代电网、塑料替代品等项目建设，释放产业机遇，引领绿色投资和消费。

二是强化生态环境风险防控。构建“一线”守住安全底线、“二线”防住风险外溢、“非设关地”强化风险管控的自贸港生态环境风险防控体系。研究制订生态环境风险防控三年行动方案，明确海南省生态环境风险防控建设目标、防控领域、优先行动等；构建对应的监测预警体系，加快推进风险防控由“事后治理”向“事前预防”的转化。强

化生态安全监管，防范外来物种入侵，加强进出境货物环境安全监管和风险防控。完善再制造产业环保监管和防控体系，推动保税维修行业健康发展。加强核与辐射监管，开展核与辐射安全监督检查，加强移动放射源监管，开展辐射事故应急演习。

三是优化融合生态文明建设目标考核体系。贯彻落实《海南自由贸易港生态环境保护考核评价和责任追究规定》，推动出台规范科学、可落地的考核实施细则。探索将生态环境保护考核评价与污染防治攻坚战考核衔接融合，推动考核结果与重点生态功能区转移支付资金分配挂钩，促进生态环境保护与经济社会发展协同良性发展。

## 二、聚焦国家生态文明试验区建设重点，继续释放标志性项目领跑作用

一是巩固夯实“禁塑”工作成效。进一步加强“禁塑”输入源头治理和联合执法，重点加强电商平台和港口码头等输入环节监督管理，开展海南省农贸市场禁塑专项监管执法行动。深入开展形式多样的“禁塑”宣传，引导公众参与。开展昌江市“无塑校园”试点。支持生物降解替代品产业发展，扶持产业链向上游延伸。继续开展“无塑海洋”行动，在三亚市、儋州市推广昌化渔港“渔船打捞垃圾”做法和经验，力争减少海洋垃圾和微塑料污染。

二是全面提升蓝碳工作能级。建立多部门联动机制，协同推进海洋碳汇工作。重点开展海草床生态系统碳库详查，科学评估碳汇潜力，加强碳汇交易制度与海洋碳汇方法学研究。探索开展碳普惠交易，将蓝碳作为碳普惠的重点减排产品，努力打造具有海南特色的碳普惠示范工程。制订印发《海南省适应气候变化行动方案》。

三是深入推进生态产品价值实现机制试点。发挥市县与部门协同作用，合力推进“两山”转化试点。推动五指山市“生态价”试点落地。开展琼海GEP核算，探索拓展应用场景。深化白沙县“两山平台”建设。实施试点成效阶段性评估，总结典型案例做法。出台省级GEP核算技术规范，突出核算应用导向，建立核算配套机制。探索将GEP核算成果作为热带雨林国家公园生态环境保护成效评估的重要参考。

## 三、深入打好空气质量对标攻坚战，确保环境空气质量持续一流

一是推进$O_3$污染防治攻坚行动。编制《海南省臭氧污染防治攻坚行动方案》，强化顶层设计，明确VOCs治理时间表和路线图，进一步提升优级天数比例。

二是持续推进大气污染防治精细化管控。推动将市县大气污染问题发现率纳入相关考核，全面实现空气质量异常自动预警。有序推进老旧柴油车淘汰工作，强化超标行驶机动车的监管执法，排查整治低效脱硝设施，继续开展现有工业锅炉和炉窑提标改造，加快实施含 VOCs 原辅材料源头替代，进一步严格烟花爆竹燃放管控。进一步打造大气污染防治“屯昌样板”“白沙样板”。

三是继续开展大气污染防治攻坚行动。针对海南省冬季、春季受气象条件影响易出现污染天气的特点，积极开展冬季、春季大气污染攻坚行动，全方位加强大气污染防治工作力度，减少污染天出现。联合省有关部门和市县相关力量组成专项督导组，对空气质量较差、可能存在较多大气污染问题的市县持续开展大气污染防治专项督导行动。

## 四、深入打好“六水共治”水污染治理攻坚战，确保水环境质量稳中更优

一是当好“吹哨人”。提高水污染预警预报、联合研判、响应处置、成效评估能力，充分挖掘监测数据效能，组织市县相关部门持续开展水质会商帮扶，对水质异常等问题第一时间发出预警，及时发现并推动市县解决污染问题。加强珠溪河等重点污染水体治理专项帮扶督导，采取坚决措施推进珠溪河消劣。

二是狠抓“治污水”。加强对重点流域固定污染源和规模化畜禽养殖、水产养殖等行业的执法检查力度，加大典型违法案件曝光力度，对涉水环境违法行为形成强大震慑，引导水污染物排放企业合法合规经营。开展城市黑臭水体整治环保行动，力争在全国率先消除县级及以上城市黑臭水体。管好、管住污染物入河、入海“阀门”，持续开展入河、入海排污口“查、测、溯、治”，建立排污口动态更新机制。

三是深化“保供水”。深化水源地保护区生态环境保护，保护好海南人的“水缸子”。加强集中式饮用水水源地保护区环境问题的排查和整治，做到“底数清、情况明、措施准”。推动市县谋划一批饮用水水源地规范化建设项目，积极申请中央及省级资金支持。

四是持续“优海水”。以美丽海湾保护与建设为抓手，推动海洋生态环境质量持续改善。系统谋划、示范先行，分类分批推进“水清滩净、鱼鸥翔集、人海和谐”的美丽海湾保护与建设，健全陆海统筹的生态环境治理制度体系。加强入海污染物总量控制，持续推进万宁小海等水质不达标海湾综合治理。

## 五、深入打好净土保卫战，确保土壤环境质量稳定可控

一是继续推进涉镉等重金属污染源头防治行动。动态更新全口径涉重金属重点行业企业清单。持续排查涉重金属重点行业企业，严格重金属排放监管，加强涉镉等重金属排污单位执法监督。加强关闭搬迁企业地块土壤污染管控。强化建设用地准入管理，稳步推进土壤污染重点监管单位隐患排查“回头看”。

二是继续实施农用地土壤重金属污染源头防治行动。探索开展耕地土壤重金属污染成因排查，分析耕地土壤污染来源，并采取相应的管控措施。

三是强化固体废物监管和治理。继续排查涉重金属矿区遗留固体废物，分批分类完成固体废物整治或风险管控。强化危险废物环境监管，推动洋浦危险废物处置设施建成并投入使用，对水泥窑协同处置危险废物开展“后评估”。继续推进全域“无废城市”建设，强化市场引导，实施年度评估。

## 六、深入打好农业农村污染治理攻坚战，助力乡村生态振兴

一是推进农村生态环境和人居环境改善。充分发挥生态振兴专项组统筹协调作用，把农村生态环境保护“摆”在更加突出的位置，推进美丽乡村建设。探索厕所粪污和生活污水共治新模式，推动厕污一体化治理，高质量完成改厕任务。探索农村生活污水治理近郊一体化、远郊资源化模式，持续推进农村环境整治及农村黑臭水体治理。

二是加强农业面源污染治理和监督指导。开展农业面源污染调查和监测评估，落实《海南省畜禽养殖污染防治规划（2022—2025年）》，加快儋州市、海口市琼山区、文昌市、澄迈县、屯昌县等畜禽粪污资源化利用试点建设。调整优化农业结构，推行生态种植、养殖模式。

## 七、推动噪声污染防治工作，确保声环境舒适不扰民

一是开展噪声污染防治政策制定和声环境功能区划分评估。贯彻落实《中华人民共和国噪声污染防治法》和《“十四五”噪声污染防治行动计划》，组织研究海南省噪声污染防治相关政策性文件。按照《声环境功能区划分情况评估工作方案》开展工作评估，对不满足评估要求的城市进行点位调整。

二是加强源头管理，加快污染治理。确定交通、建筑施工、社会生活和工业等领域

的重点噪声排放源，按照属地管理原则，强化部门联动和信息互通机制，严格噪声污染执法，确保排放达标。

三是做好噪声监测能力和降噪基础设施建设。分批建设功能区声环境质量自动监测系统，为进一步做好噪声污染防治工作提供依据。加大城市降噪基础设施建设，优化各级道路，在城市道路、高速公路等交通干线两侧，设置隔声屏、建设生态隔离带、安装隔声门窗等。

## 八、持续强化生态保护监管，确保生态系统安全稳定

加强生态保护红线生态环境监督，开展 2023 年度“绿盾”自然保护地强化监督，建立健全生态保护红线和自然保护地人类活动遥感监测与监管执法联动机制，坚决遏制新增生态破坏问题。修编出台《海南省生物多样性保护战略与行动计划》，扎实推进生物多样性保护重大工程实施和生物多样性可持续利用。深入开展生态文明建设示范区和“两山”实践创新基地创建，推动生态文明示范建设取得新突破。

## 九、着力提升生态环境治理能力，在法治和监测上争创一流

一是在生态环境法治建设上争创一流。制定《海南省土壤污染防治规定》《海南省固体废物污染环境防治若干规定》，起草《海南自由贸易港生态环境评价和监测规定》，进一步细化落实《海南自由贸易港法》。加快出台餐饮业、锅炉大气污染物排放地方标准，实现省内环保行业标准的系统性覆盖。

二是在生态环境监测评价上争创一流。进一步健全生态环境监测网络，完成省控环境空气评价点建设，加快推进水质自动站和噪声自动监测站建设。制定《海南省水生态监测与评价方法（试行）》，在万泉河流域试点开展流域水生态监测评价。探索开展五指山背景地区碳监测试点、红树林生态系统碳通量观测。实施重点流域新污染物调查试点监测、农业面源污染监测评估试点和海南省生态质量样地监测。开展钚监测方法研究，参加国际辐射监测能力验证，全面提升核与辐射监管能力。